Das innere Nigerdelta
ein Baumwollgebiet der Zukunft

Von

E. L. Bélime

Mit 23 Abbildungen im Text

Sonderdruck

aus Band 3 der

MITTEILUNGEN DER GRUPPE
DEUTSCHER KOLONIALWIRTSCHAFTLICHER
UNTERNEHMUNGEN

VERLAG WALTER DE GRUYTER & CO. / BERLIN W 35

1941

Auf einer Fläche von der ungefähren Größe Mecklenburg-Schwerins ist man im Begriff, im Bogen des Niger aus trostloser Wüste fruchtbares Ackerland zu machen. Rund 1 Million ha Baumwoll- und Reisländereien werden in Bälde dort gedeihen, wo bisher nur armselige Schaf- und Ziegenherden in primitivstem Wanderbetrieb ihr kärgliches Dasein fristeten. Noch in diesem Jahre werden die Stauwerke von Sansanding fertiggestellt sein. Damit ist die Voraussetzung geschaffen, die Wasser des Niger — statt sie nutzlos im Wüstengelände versickern und verdunsten zu lassen — den Kulturpflanzen zuzuführen, die auf den weiten Ebenen des wohlvorbereiteten Bewässerungsgebietes wachsen werden. Tausende von Negern sind bereits in dieses Gebiet verpflanzt worden; zehntausende werden folgen. Ein neues Baumwollbecken ist so am Rande der Wüste im Entstehen begriffen, groß genug, um in einiger Zeit ein Drittel des Einfuhrbedarfs Deutschlands oder Frankreichs an Baumwolle zu decken; zweifellos ein Vorgang, der das Interesse jedes Kolonialpolitikers und Wirtschaftlers finden muß.

Damit ist die Veröffentlichung der Arbeit Bélimes, des eigentlichen Schöpfers der Werke am Niger, in unserer Schriftenreihe wohl begründet.

Der Leiter der Gruppe
Deutscher Kolonialwirtschaftlicher Unternehmungen

Dr. Weigelt

Als Dr. Weigelt mich seinerzeit bat, meine Veröffentlichung über die Wasserwerke am Niger für die „Mitteilungen" der Deko-Gruppe zur Verfügung zu stellen, habe ich dies mit ausdrücklicher Zustimmung des Admirals Platon, Staatssekretärs für die Kolonien, getan, und zwar um so lieber, als ich die ausgezeichneten Forschungsmethoden der Gruppe kannte und die wissenschaftliche Gründlichkeit ihrer Arbeiten in höchstem Maße schätzen gelernt hatte.

Die Veröffentlichung meiner Arbeit über die Werke am Niger ist 1940 erfolgt. Die Angaben, die sich darin finden, betreffen daher die Lage, wie sie damals war, und zwar sowohl was den Stand der Arbeiten selbst, der agrarischen Produktion wie auch die Preise in französischen Franken anbelangt.

Paris, im Juli 1941.

E. L. Bélime

Inhaltsverzeichnis

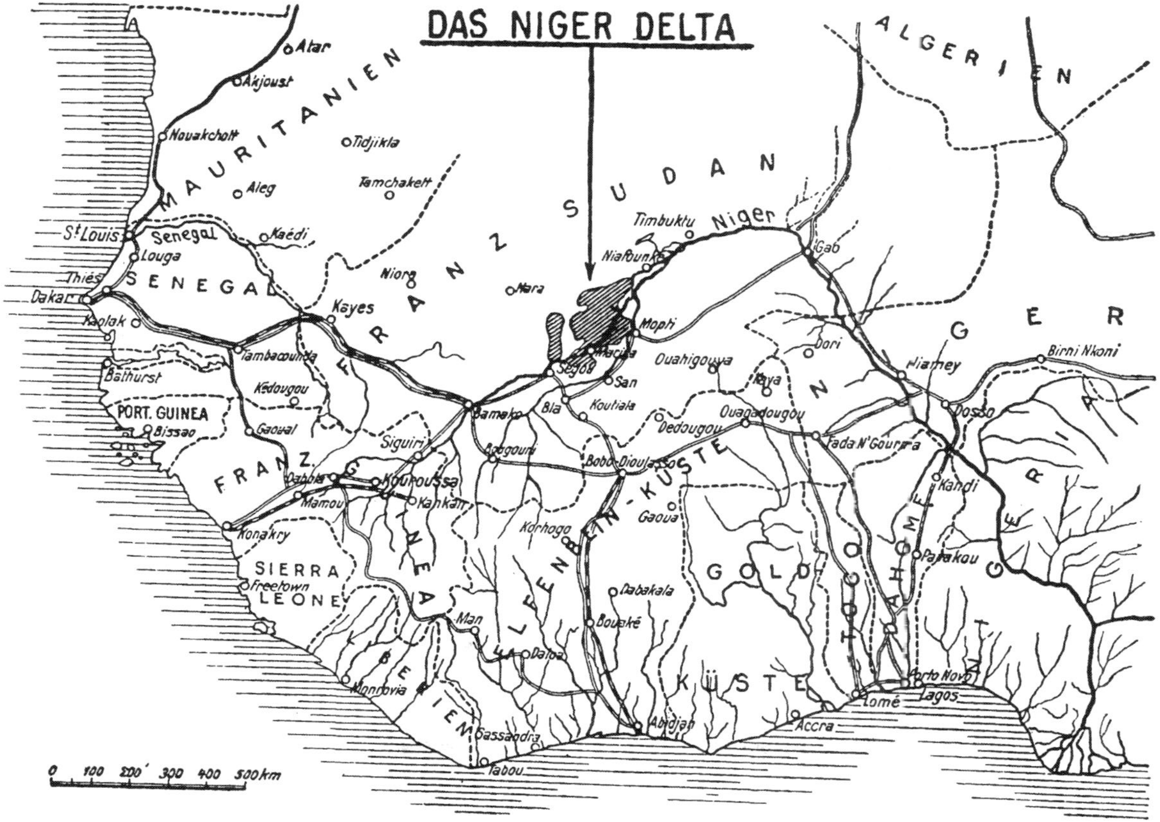

Verlag Walter de Gruyter & Co., Berlin W 35
Deko III. Zu Bélime, Das innere Nigerdelta

Das innere Nigerdelta, ein Baumwollgebiet der Zukunft

Von **E. L. Bélime**
Generaldirektor des Office du Niger

Mit 23 Abbildungen im Text

I. Überblick über die allgemeinen Verhältnisse Französisch-Westafrikas

Die verwaltungsmäßige Unterteilung des Gebiets

Französisch-Westafrika, ein Begriff der am 1. Oktober 1902 durch ein Dekret der französischen Regierung geschaffen wurde, umfaßt den größten Teil derjenigen afrikanischen Gebiete, die sich einerseits zwischen dem Tschad-See und dem Atlantischen Ozean und andererseits zwischen dem nördlichen Wendekreis und dem Golf von Guinea erstrecken. Dieses Gesamtgebiet setzt sich aus folgenden sieben Einzelkolonien zusammen: Mauretanien, Senegal, Guinea, Elfenbeinküste, Dahome, Französisch-Sudan und Niger, weiter aus dem Mandatsgebiet Togo und dem Verwaltungsbezirk Dakar.

Nachstehende Tabelle gibt für die einzelnen Teilgebiete die Oberfläche und Bevölkerungsziffer wieder:

Verwaltungsgebiet	Oberfläche km	Bevölkerung Einwohner
Mauretanien	835000	351500
Senegal	201200	1608500
Guinea	251000	2113500
Elfenbeinküste	477135	3845000
Dahome	112000	1153000
Französisch-Sudan	1531255	3421500
Niger	1293810	1720600
Dakar	175	72800
Mandat Togo	52000	750000
Summa:	4753575	15036400

Oberflächengestaltung

In seiner Gesamtheit ist Französisch-Westafrika ein Land gewellter Ebenen, wenig erhaben über dem Niveau des Meeres. Gebirgszüge sind darin selten und von geringer Bedeutung. Der Regel nach liegen diese im Nachbargebiet des Ozeans. Der Futa Djallon, das Hauptquellgebiet der Wasserläufe, so vor allem des Senegal und des Niger, folgt der Richtung der Küste in 150 km Entfernung vom Meere und zwar von der Ostgrenze Portugiesisch-Guineas bis zur Westgrenze der Elfenbeinküste mit einer Gesamtlänge von 500 km. Die höchsten Gipfel des Futa überschreiten nirgends die 2000 Metergrenze. An diesen Gebirgsstock schließen sich zwei Bergzüge an.

Der eine, der sich von den Bergen Liberias abzweigt, bildet die Nordgrenze der Elfenbeinküste und läuft vielfach unterbrochen in Etappen durch die Berge von Bandiagara, von Hombori, Gurma und Tosaye, um sich schließlich an den Bergstock des Adrar anzuschließen. Der andere folgt dem linken Nigerufer bis flußabwärts von Kulikoro, wo er sich nordwärts in der Umgegend von Murdiah in einer Art von Hochfläche verliert.

Eine andere Bergkette, der Atakora, läuft von Süden nach Norden mit geringer Neigung nach Osten; ausgehend von der Goldküste, nahe dem Meere, durchläuft er Togo und den nördlichen Teil von Dahome, um schließlich in kleinen Hügeln nahe von Say am unteren Niger zu enden.

Im Grenzgebiet der Sahara erhebt sich der Adrar und der Aîr, Ausläufer des Bergsystems des Ahagar.

Diese Oberflächengestaltung gibt der Hydrographie Westafrikas eine recht eigentümliche Physiognomie. Während die kurzläufigen Flüsse mit ihren geringen Wassermengen die Abhänge zum Atlantischen Ozean durchfurchen, sind die großen Ströme gegen das Innere Afrikas gerichtet. Vom Gebirgsstock des Futa Djallon kommend, fließt der Senegal wie im Sektor eines Viertelkreises von Süden nach Nordosten, Norden und Nordwesten bis St. Louis in den Atlantischen Ozean. Gewissermaßen im Spiegelbild dazu beschreibt der Volta den umgekehrten Bogen, Nordost—Ost—Südost, um an der Goldküste in den Golf von Benin zu münden. Zwischen den beiden fließt der Niger fast geradlinig 1500 km landeinwärts nach Nordost bis Burem, um dann im rechten Winkel nach Südosten abbiegend fast ebenso geradlinig Englisch Nigerien zu durchqueren und im innersten Winkel des Golfes von Guinea zu enden. Diese Gestaltung der Flußläufe ergibt sich aus der Morphologie des Landes, eines durch Erosion abgetragenen Hochplateaus, das am Rande der Küsten aufgewalmt, in der Mitte aber allmählich gesenkt und mit Sedimentärresten angefüllt ist. Letztere liegen auf kristallinischem Untergrund (Graniten und Gneisen) führen aber metamorphische Gesteinsarten, wie Quarzite und Hornblenden, auf denen wiederum Lagen von grobkörnigen Sandsteinen ruhen. Außer am Senegal scheinen jedoch diese früheren Meeresablagerungen durch die Erosion überall in großem Umfange zerstört worden zu sein. Sie sind im Innern durch Ablagerungen von Binnenseen ersetzt, deren tiefste Lage sich in der Region von El Djuf in der Sahara befindet.

Nachfolgende Skizze erleichtert durch Aufzeigung der Wassereinzugsgebiete der großen Ströme die Vorstellung von der Morphologie des Landes.

Abb. 1. Die Einzugsbecken des Niger

Klima

Klimamäßig teilt sich West-Afrika in fünf große Zonen ein und zwar wie folgt:

Seeklima (subkanarisches Klima). Unter der Wirkung der Passatwinde schwächt sich der Einfluß der Sahara längs der atlantischen Küste von Port-Etienne bis zur Mündung des Gambia erheblich ab. Trocken im Norden, schon ziemlich feucht im Süden, bleibt das Klima in diesem Küstenstreifen von November bis Juli milde und ähnelt, besonders zwischen St. Louis und Dakar, dem der algerischen Küsten während des Sommers.

Saharaklima. Ungefähr vom 18. Breitengrade ab nach Norden beherrscht dieses Klima fast überall das Gebiet. Südlich davon schließt sich an das

Sahelklima. Die Südgrenze dieser Zone läuft von Ferlo am Senegal über den Bergstock von Bandiagara entlang der Nordgrenze Englisch-Nigeriens bis zum Tschad-See. Es handelt sich um ein Übergangsklima, das durch eine lange Trockenperiode und einen kurzen Regenwinter gekennzeichnet ist.

1*

Sudanklima. Diese Zone beherrscht den größten Teil der enger bevölkerten Gebiete Französisch-Westafrikas. Es erstreckt sich bis zu den Ausläufern des großen Urwaldes, dessen Nordgrenze zuerst am 13. Breitengrade in Hochguinea auftaucht, sich dann im Gebiet der Elfenbeinküste hinzieht und — nach einer starken nördlichen Ausbuchtung im Goldküstengebiet — in Togo zur Meeresküste hin ausläuft. Das Klima der Sudanzone hat nur eine Regenperiode. Sie beginnt im Süden im April, im Norden im Mai oder Juni und erhebt sich zur Maximalhöhe im Juli—August. Im September oder Oktober

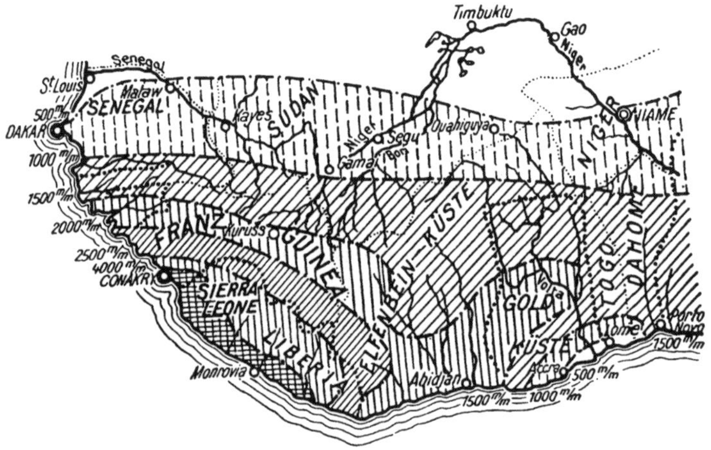

Abb. 2. Regenkarte

geht sie zu Ende. Die Wintermonate sind allgemein kalt und trocken; von Februar an hebt sich die Temperatur wieder und steigt weiter bis zum April, um bei Wiederkehr der Regenperiode von neuem zu fallen.

Abwechselnd dem sudanischen und dem subkanarischen Klima zugehörend, herrscht längs der Küsten Guineas eine Art Unterklima, das guineische, das durch seine langandauernden und sehr intensiven Wetterstürze eine Besonderheit aufzuweisen hat.

Subäquatoriales Klima. Es ist dies das Klima des großen Waldgürtels und auch der nicht bewaldeten Landstriche längs der Südküste von Liberia bis Kamerun. Man beobachtet in dieser Zone zwei Regenperioden: April—Juli und September—November, die voneinander durch eine nur kurze Trockensaison getrennt sind.

Flora

Jedem dieser Klimate entspricht eine besondere Flora. In der Sahara ist das Pflanzenleben praktisch ausgestorben. Es zeigt sich südlich dieser Region, sobald die Regenperioden, wenn auch noch so schwach, eine gewisse Regelmäßigkeit aufweisen. Im Sahelgebiet ist es zuerst die Akazie, die auftaucht, danach die Baobabs. An der Grenze des Sudangebietes beginnen die Kapokbäume und da wo die Isohyete 600 mm erreicht, der Shi-Butterbaum (butyrospermium Parkii) und der gambische Mahagonibaum (Khaja Senegalensis). Das Sudangebiet stellt die eigentliche Getreidezone dar, während die Sahelzone, vorausgesetzt, daß sie über die nötigen Wasserreserven verfügt, für Viehzucht günstiger ist.

Im äquatorialen Walde und an seinen Rändern werden der Kakaobaum und der Kaffeestrauch, der Kolabaum und die Banane kultiviert. Die Ölpalme ist entlang den Wasserläufen und auch sonst in großen natürlichen Ansammlungen vertreten.

Bevölkerung

Die mittlere Bevölkerungsdichte Westafrikas überschreitet kaum drei Einwohner je Quadratkilometer. Auf den ersten Blick scheint also dieses weite Gebiet von Einwohnern entblößt zu sein. Es ist aber eine Tatsache, daß in vielen Regionen die Bevölkerungsziffer sich weit unterhalb der Grenze der Möglichkeiten befindet. Andrerseits muß man bedenken, daß die ungeheuren saharischen Gebiete, die weder Oberflächenwasser noch Grundwasser besitzen, kaum bewohnbar sind. Aber auch in den Gebieten südlich der Sahara, soweit sie von Urwald bedeckt sind, ist die Bevölkerungsdichte im allgemeinen recht schwach. Auch beträchtliche Teile des Senegal, Guineas, des Sudan, der Goldküste und von Dahome, soweit sie von der Tse-Tse-Fliege und der Schlafkrankheit heimgesucht sind, sind ebenso entblößt von Einwohnern, wie die Wüsten des Nordens.

Bei näherem Zusehen entdeckt man allerdings, daß die Tatsache des Vorhandenseins menschlicher Ansammlungen in diesen Gebieten sehr häufig weniger natürliche als politische Gründe hat. So war beispielsweise für die Mossi ihre Feudalorganisation der Grund, warum sie ihrem Lande die Verwüstungen der Sklavenjäger und der schwarzen Eroberer haben fernhalten können. Man kann jedenfalls sagen, daß in allen alten Gebieten menschlicher Siedelung die ökonomischen Faktoren nicht das Ausschlaggebende für die Seßhaftmachung gewesen sind. Die Bevölkerung sitzt teilweise auf sehr armen Böden, während viel reichere menschenleer geblieben sind.

Ganz anders die in neuerer Zeit sich entwickelnden Bevölkerungsansammlungen. Am Anfang des 19. Jahrhunderts breitet sich am

Senegal die Kultur der Erdnuß aus. Um 1840 gewinnt sie an Bedeutung und ermöglicht schließlich in weniger als einem Jahrhundert 1200000 Einwohnern auf 40000 qkm ein gedeihliches Zusammenleben (30 Einwohner je Quadratkilometer). Im Laufe derselben Zeit bildet die Ölpalme im untern Dahomegebiet den Gegenstand regelmäßiger Ausbeutung. Die Häuptlinge lassen um die Dörfer herum beträchtliche Anpflanzungen dieses Baumes vornehmen und sorgen für deren Unterhalt und Erneuerung. Die Bevölkerung konzentriert sich auf diese Weise auch in diesen Gebieten und erreicht und überschreitet

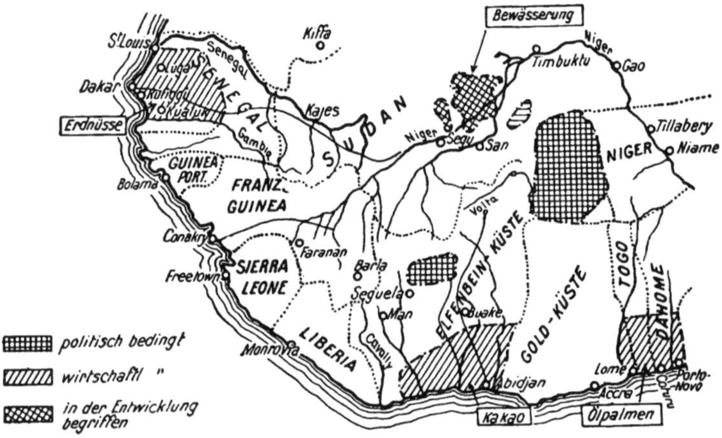

Abb. 3. Gebiete dichter Bevölkerung in Französisch-Westafrika

50 Einwohner je Quadratkilometer (Athieme, Porto-Novo, Kotonu). In neuerer Zeit ist der Kakaobaum an der Elfenbeinküste eingeführt worden. Von Sao-Thomé um 1850 herum vorgedrungen, breitet sich seine Kultur zunächst im Gebiet der Goldküste aus, geht dann in das französische Indenigebiet über und nimmt auch dort rasch an Ausbreitung zu. Diese Nutzung und später auch die des Kaffees und der Banane rufen periodische Wanderungen sudanischer Landarbeiter hervor, die sich für eine oder zwei Ernteperioden verdingen. Die ihnen ungewohnte Feuchtigkeit des Küstenklimas hindert sie jedoch im allgemeinen, sich dort seßhaft zu machen. Ebenso verdankt man es sudanischer Arbeit (60—80000 Wanderarbeiter pro Jahr), daß am Senegal ein großer Teil der Erdnußernte ohne Schwierigkeiten eingeheimst werden kann, und schließlich ist auch für die Arbeit in den Gold- und Manganminen der Goldküste und in den Goldfeldern am Rande des guineisch-sudanischen Gebietes dieser Zusatz sudanischer Arbeit nicht zu entbehren.

Auf diese Weise vollzieht sich vor unsern Augen unter der Einwirkung der natürlichen Reichtümer und ihres Handels eine tiefgehende bevölkerungspolitische Verschiebung, hier temporär, dort endgültig, überall aber mit der Tendenz, die Bevölkerung in logischerer Weise über das Land zu verteilen. Das Gesetz des mindesten Aufwandes zwecks Erzielung größtmöglichen Gewinnes, Unterlage der geographischen Verteilung der Menschheit, hat begonnen, sich im schwarzen Afrika ebenso auszuwirken, wie wo anders.

II. Der westliche Sudan

Allgemeines

Es gibt einen geographischen Sudan, den man nicht mit dem verwaltungsmäßig festgelegten Gebiet des französischen Sudan verwechseln darf.

Der geographische Sudan, das sind diejenigen Gebiete mit sudanischem oder sahelischem Klima, die sich quer über das ganze nördliche Afrika erstrecken, also von den Ufern des Atlantischen Ozeans hinüber bis zum Gebirgsmassiv Abessiniens. Der Teil dieser Landstriche, der zwischen dem Massiv des Futa-Djallon und dem Tschad-See liegt, ist der sogenannte Westsudan, der die Kolonien Französisch-Sudan, Niger, Ostguinea und die nördlichen Teile der Elfenbeinküste, der Goldküste, Togos, Dahomes und Nigerias umfaßt.

Durch diese seine geographische Lage ist der Westsudan ein ausgesprochenes Hinterland. Sozialpolitisch wie ökonomisch hat er den Charakter eines solchen bewahrt. Viel fester als an der Küste haben sich in diesem Lande die örtlichen Sitten und Gebräuche erhalten. Hauswirtschaft herrscht fast ohne Einschränkung. Bis zur französischen Eroberung Zielpunkt dauernder Angriffe, hat die sudanische Bevölkerung solide kriegerische Eigenschaften bewahrt. Bambara, Bobo, Mossi und in allgemeinerer Weise alle Eingeborenen schwarzer Rasse sind im Grunde genommen im Sudan noch heute wahre Bauernsoldaten.

Beziehungen mit der Küste

Unter diesem Gesichtspunkte zum mindesten stellt das sudanische Hinterland, wenn man es auch fälschlich behauptet hat, keinesfalls einen Teil des „sterilen Afrika" dar, im Gegensatz zu dem „aktiven Afrika", das angeblich nur an der Küste existiert. Wenn es auch die unternehmenden Geister bisher weniger beschäftigt hat, so ist doch sein ökonomischer Wert keineswegs zu unterschätzen.

Mehr oder weniger leben die Küstenländer Französisch-Westafrikas vom westlichen Sudan. Zu einem bedeutenden, oft sogar vorwiegenden Teile sind die Erdnüsse von Senegal und der Kaffee, der Kakao, das Holz der Elfenbeinküste, das Mangan, Gold und der Kakao der Goldküste, wie wir oben aufgezeigt haben, ein Ergebnis sudanischer Arbeit. Die Viehzucht des Nigerbogens und der östlichen Zuflüsse dieses Stromes, die heute ausgetrocknet sind, ernährt mit ihren Herden in einer jährlichen Größenordnung von 300000 Köpfen Groß- und Kleinvieh die französischen und nichtfranzösischen Länder des Golfes von Guinea und Benin. Ebenso lebt ein sehr bedeutender Handel von den Fischen des Nigerstromes — getrocknet oder geräuchert —, ein anderer von der sudanischen Baumwolle, die am Platze mit sehr guten Preisen bezahlt und in dicht gewebten Rollen bis zur Küste transportiert wird. So gewiß sich die Handelstätigkeit des Sudan nicht auf diesen inneren Austausch beschränkt, gibt dennoch der Binnenhandel heute wie seit je dem Lande und seiner Wirtschaft seinen wesentlichen Zug.

Dessen ungeachtet verlassen zur Zeit mit der Westbahn (Dakar-Niger) und der Südbahn (Abidjan-Bobo-Djulasso) große Mengen Baumwolle, Sisal, Häute und Ölfrüchte (80000 t entschälter Erdnüsse im Jahre 1937) in regelmäßigem Verkehr das Land. Unter den Reichtümern, die dem Erdinnern abgerungen werden, behauptet bei weitem das Gold den ersten Platz. Nach einer Periode der Depression, die mit einer Reihe prosperierender Jahre der Landwirtschaft parallel lief, hat der Goldexport von neuem große Bedeutung gewonnen (1938 für nahezu 120000000 Franken).

Landwirtschaft

Ausgesprochener noch als die Kolonien an der Küste, immer von Senegal abgesehen, ist der Westsudan ein Land der gewellten Fastebene. Wenn man von einigen mittelmäßigen Erhebungen in Form von Hochplateaus oder Ketten, wie sie im vorigen Kapitel erwähnt worden sind, absieht, bewegt sich die Oberfläche in weiten weichen Wellungen, deren Schwingungen mit der Entfernung von der Küste immer flacher werden. Den Lateritgipfeln mit ihrem mageren Buschwald folgen sanfte Hänge, die, auf der Höhe sandig, weiter unten aber von fruchtbaren Böden gebildet sind. Oft haben sie an ihrem Fuße ein mehr oder weniger wasserdurchtränktes Staugebiet, wo während des kurzen

Regenwinters ein Bächlein fließt. Und Hügel auf Hügel aneinandergereiht, wiederholt sich immer dieselbe Stufenleiter dieses Terrains, eine unendliche Folge.

Die Dörfer und Kulturen finden sich im allgemeinen an den Hängen. Um die aus Lehm gebauten Häuser, immer eins dicht an das andere gereiht und in den Regionen mittlerer Regenmengen mit flachem Dach versehen, lagern sich die Ackerkulturen (der „Sophoroacker" der Bambaras). Ihr Umfang ist nicht groß, aber dank der fruchtbaren Düngung (Abfälle, Viehdung usw.) gedeihen hier Jahr für Jahr Baumwoll-, Mais-, Sorghumkulturen usw. Weiter abgelegene, aber den Anbau noch lohnende Stellen tragen in extensiver Fruchtfolge Ackerfrüchte nur drei, vier oder fünf Jahre hindurch, denen dann lange Perioden der Waldbrache folgen (manchmal 15—20 Jahre lang). Diese Teile bekommen niemals Düngungen, stellen aber trotzdem allmählich ihre Tragfähigkeit immer wieder her (Feld-Waldkultur).

Man wird nicht erwarten, daß die Ergiebigkeit dieser Art der Bodennutzung groß ist. Sie hängt vor allem davon ab, daß die Natur der Wiederherstellung der Bodenkraft günstig ist. Hier der Hauptfaktor, der für die mittlere Produktion je Hektar und damit letzten Endes auch für die optimale Dichtigkeit der Bevölkerung bestimmend ist. Zufolge der sterilen Teile (Lateritkegel oder grobe Sandsteinvorkommen), die oft die Hälfte und mehr des zur Verfügung stehenden Raumes einnehmen, ist es selten, daß der Acker der sudanischen Ebene genügend natürliche Qualitäten besitzt, um eine Bevölkerung von mehr als 25 oder 30 Einwohnern je Quadratkilometer Nahrung zu geben. Selbstverständlich gibt es Gebiete, wo die Bevölkerungsdichte höher ist. An den Abhängen von Bandiagara und im nördlichen Mossiland überschreitet sie in bestimmten Strichen selbst das Dreifache dieser Ziffer, aber dort sind auch die Kulturmethoden andere, oder ein Teil der Bevölkerung, gewöhnlich die jungen Leute, wandern saisonmäßig ab und kompensieren durch ihre Geldverdienste das Ungenügende der lokalen Produktion. Besonders trifft letzteres für die Mossi zu.

In gewissen Gebieten trägt die Eingeborenenkultur andere Charakterzüge. So im innern Nigerdelta, das weiterhin näher betrachtet werden wird, und auch sonst in den Überschwemmungsgebieten dieses Flusses. Die jährlichen Überflutungen sind dort oft mit viel Überlegung in den Dienst der landwirtschaftlichen Arbeit gestellt.

Bewässerung im eigentlichen Sinne des Wortes ist auf nur geringe Flächen beschränkt. Die Schwarzen verwenden sie für die Kultur von Zwiebeln und Tabak während der Regenperiode, indem sie das Wasser im Handbetrieb aus Wasserläufen oder Brunnen heranschaffen.

Die „dry farming"-Methode, die die Amerikaner entdeckt zu haben glauben, ist dem Sudanneger schon seit sehr alten Zeiten bekannt. Mit ihr hat man beispielsweise die Kalebassen erzeugt, von denen Ibn-Batuta schon im 14. Jahrhundert sagt, daß sie in den Küchen als Wassergefäße benutzt werden. Ihre Saat findet im Oktober statt auf Boden, der von dem reichlichen Regen des Sommers vollgesogen, tief umgearbeitet ist und der zwecks Schaffung einer lockeren, die Wasserverdunstung hindernden Bodenschicht oft und lange gehackt wird. Die Grundwasserfeuchtigkeit benutzend, behält so die Pflanze bis in den März hinein ihre Kraft und führt ihre Früchte zu voller Reife.

Diese Tatsachen zeigen, daß die Landwirte des Sudan sehr wohl aus den besondern natürlichen Verhältnissen, die ihr Land bietet, Nutzen zu ziehen verstehen. Ihre Landwirtschaft, die sie 1000 Jahre lang auszuüben gelernt haben, beruht durchaus auf rationellen Grundlagen. Ohne Zweifel ist diese Landwirtschaft trotzdem kaum besonders produktiv zu nennen. Das beruht einesteils auf der Ungenügendheit der Düngemittel, andererseits auf dem Mangel an hinreichenden Arbeitskräften für die notwendigen Feldarbeiten. Da sie die Anspannung von Zugvieh nicht kennen und nur auf die Kraft ihrer Arme für die Ackerbearbeitung und sonstigen Bestellarbeiten angewiesen sind, beuten sie jährlich gerade nur so viel Ackerfläche aus, als bei günstigem Verlauf der Regenperiode notwendig ist, um zu leben, ihre Steuern zu bezahlen und einige kleine Käufe vorzunehmen. Wenn die Regen schwach ausfallen oder schlecht verteilt sind, geben die Ernten wenig. Es kommt leider vor, daß die Früchte schon vor der Reife vertrocknen. Die Bauern sind dann gezwungen, ihre Erntevorräte zur Verteilung zur Verfügung zu stellen und schließlich die Arbeit ihrer Hände während der Trockensaison in den Städten und bei den großen öffentlichen Arbeitsunternehmungen zu verdingen. Sie kehren aber sofort zurück, sobald die ersten Regenstürme hereinbrechen und säen frühreife Getreidearten, wie Mais und Hirse, die geeignet sind, den Anschluß an die folgende Sorghumernte zu erleichtern.

Wenn die Regenperiode wiederum versagt, wird ihre Situation bedenklich, Mangel taucht auf und schlägt manchmal zu allgemeiner Hungersnot um.

Die Hungersnot von 1914

Dies trat im Jahre 1914 im gesamten Umfange des geographischen Sudan ein. Da die Regen während dreier Jahre ausgeblieben waren, begannen die Lebensmittel von Januar an zu fehlen. Kurz danach waren alle Reserven erschöpft und die Eingeborenen im ganzen Raum zwischen Segu und Timbuktu waren gezwungen, die Blätter von den Bäumen und trockenes Gras zu verzehren.

Man kann die Verlustziffer, die durch die Hungersnot 1914 im westlichen Sudan verursacht worden ist, auf 250000—300000 Menschen beziffern. In diesem selben Jahre erlebte auch der ägyptische Sudan ähnliche Hekatomben und auch das innere Indien wurde heftig betroffen. Gegen diese Art von allgemeinen Hungersnöten kämpfen die Engländer in Indien dadurch an, daß sie die lokalen Bewässerungen zu entwickeln suchen. Das indische Budget enthält einen Fonds für Hungersnöte, der durch jährliche Zuschüsse gespeist wird. Er wird einesteils dafür verwendet, Ankäufe von Lebensmitteln zu tätigen und deren evtl. Transport zu finanzieren, andererseits aber um zur Ausführung von Bewässerungswerken beizutragen.

Viehzucht

Wenn auch im Sudan in erster Linie die Ackerkultur die Menschen in Tätigkeit setzt, so sind doch auch zahlreiche Völkerschaften mit der Viehzucht beschäftigt. Diese herrscht vor allem im Sahel, wo zahlreiche Büffel-, Ziegen- und Schafherden während der Regenzeit ihre Weide finden. Über ihre zahlenmäßige Bedeutung gibt folgende neueste Statistik Auskunft:

Rindvieh	3500000
Schafe und Ziegen	12000000

Die Viehzucht liegt im Sudan in Händen von Eingeborenen heller Rasse: Fulbe, Mauren und Tuaregs. Die seßhaften Schwarzen besitzen gleichfalls Viehbestände, aber sie vertrauen fast immer deren Unterhaltung den Fulbehirten an. Für den sudanischen Landwirt bildet sein Viehstand eine Art von Kapitalreserve, deren Wachstum oder Schwund vom Zufall der Seuchen abhängt. Auf alle Fälle kommt die Hauptmasse der großen Versendungen in die Südkolonien nicht aus dem sudanischen Gebiet, sondern aus dem Sahelbecken des Niger. Der Handel liegt in den Händen von Syriern und Eingeborenen. Zur Stunde gilt ein ausgewachsener Büffel der 300—350 kg wiegt, auf den Märkten von Macina und des Nigerbuckels 500—600 Franken. Nach Rücklegung einer Wegstrecke von 800 km findet dasselbe Tier — an der Goldküste angekommen — einen Käufer für 1600 oder 1800 Franken.

Verluste, die früher sehr bedeutend waren, sind heute verhältnismäßig schwach und belaufen sich auf weniger als 10% der transportierten Herden. Im vergangenen Jahre erreichten die Viehexporte des westlichen Sudan allein nach den englischen Kolonien des Südens folgende Ziffern:

	Goldküste	Nigerien
Rindvieh	40000	72000
Ziegen und Schafe	93000	über 120000

was eine Gesamtsumme von mehr als 300000 Tieren ergibt, die am Einkaufsplatz einen Wert von 60—80 Millionen und am Verkaufsplatz einen solchen von mehr als 200 Millionen Franken repräsentieren.

Es gibt augenblicklich im Sudan nur eine einzige landwirtschaftliche Exportware, deren Wert am Orte den der obigen Ziffern überschreitet: die Erdnuß. Über den interkolonialen Handel von getrockneten Nigerfischen und von Baumwollrollen besitzen wir leider keine statistischen Angaben.

Das sudanische Gold

Ein anderer großer Exportartikel entstammt dem Untergrund: das Gold. Das Metall findet sich in gewissen Schichten präkambrischer Schiefer. Die bekanntesten und seit langem ausgebeuteten Vorkommen sind die von Falene, von Bure und am oberen Niger. Ähnliche Vorbedingungen finden sich im sahelichen Graben von Hokar. Auch dort scheinen die Goldvorkommen ausgebeutet zu werden. Nach der geologischen Karte, die die Bergwerksbehörden aufgenommen haben, soll der Umfang goldträchtiger Ländereien des oberen Niger sich um eine Größenordnung von 50000 qkm bewegen. Neuere Entdeckungen zeigen aber, daß diese Schätzung noch unterhalb der Wirklichkeit liegt.

An den Goldminen des oberen Niger sind vor allem die Verwaltungskreise Bamako, Buguni und Sigiri interessiert, an denen des oberen Senegal besonders der Kreis von Satadugu. Ihre Ausbeutung schwankt je nach den Kursen der landwirtschaftlichen Produkte: verkaufen sich diese gut, so leeren sich die Minen von mehr oder weniger großen Teilen ihrer Ausbeuter, fallen dagegen die Preise, so steigt die Zahl der Goldsucher dementsprechend. Sie erreichten im Laufe der letzten Jahre sicherlich die Ziffer von 100000 Arbeitern.

Nachfolgende Tabelle faßt den Goldexport des westlichen Sudan für die Jahre 1928—1938 zusammen:

Jahr	Exportmenge (in g Gold)
1928	21279
1929	65962
1930	200749
1931	950021
1932	2065899
1933	2137928
1934	3039056
1935	3908696
1936	3558822
1937	3992049
1938	3954000

Die Baumwolle

Seit etwa 40 Jahren hat man im westlichen Sudan große Hoffnungen auf die Baumwollkultur gesetzt. Die Baumwollstaude ist dort, so scheint es, eine alt angestammte Pflanze oder zum mindesten seit sehr langer Zeit akklimatisiert. Die Mehrzahl der Dörfer der Sudan-Zone sind von Baumwollfeldern umgeben. Abgesehen von einem geringen Teil, dessen Umfang naturgemäß von den Kaufpreisen beeinflußt wird, geht die sudanische Produktion nicht nach Europa, sondern wird am Gestehungsorte gesponnen und verwebt und in den Küsten- und Waldgebieten der südlichen Kolonien verbraucht. In dem Maße, wie sich die Wohlhabenheit der Bevölkerung entwickelt und damit ihre Bedürfnisse steigen, absorbiert sie eine immer wachsende Masse von Baumwollfasern. Andererseits bleibt der Verkauf nach Übersee stagnierend. Ab und an nimmt er unter dem Einfluß der Bezirkskommandanten für eine gewisse Zeit an Umfang zu, um, wenn die Aktion der Verwaltung nachläßt oder sich einem anderen Sachgebiet zuwendet, sofort wieder zu fallen. Nachstehende Tabelle diene als Beispiel, um zu zeigen, in welchen Mengen behandelte Baumwolle im Laufe eines Jahrzehntes durch eine einzelne Entkörnungsfabrik eines Sudanischen Kreises nach Europa exportiert worden ist:

Jahr	Baumwolle, roh t
1928	412
1929	574
1930	1012
1931	992
1932	197
1933	92
1934	203
1935	382
1936	388
1937	638
1938	739
1939	215

Die Tatsache mangelhaften Exports, die man bedauern, aber schwer ändern kann, hat eine einfache Erklärung. In Konkurrenz mit der Erdnuß, ist die Baumwolle der Trockenkultur bezüglich ihres finanziellen Ergebnisses die weniger lohnende Frucht. Um dieses zu ihren Gunsten zu ändern, müßte entweder ihr Preisniveau auf dem Weltmarkte sehr erheblich über den heutigen Ziffern liegen — und das ist eine Annahme, die angesichts der Weltvorräte sehr gewagt sein würde — oder aber, es müßten die Ernten je Flächeneinheit ganz beträchtlich erhöht werden können. Wenn aber, wie man oft hört, ein solches Ergebnis allein aus einer Verbesserung des vorhandenen Pflanzenmaterials durch wissenschaftliche Arbeiten erwartet werden sollte, so ist aus dieser Richtung ein wirklicher Fortschritt kaum zu gewärtigen. Schon jetzt besitzt der Westsudan Varietäten von Baumwolle, die unter guten Kulturbedingungen ausgezeichnete Hektarerträge ergeben. Wenig empfindlich gegen Insektenfraß, Krankheiten und Klimaschwankungen, vermögen sie in der „dry farming"-Methode durchaus Ernten zu erzeugen, die mit den mittleren amerikanischen zu wetteifern imstande sind.

Aber die Baumwollstaude ist eine verhältnismäßig anspruchsvolle Pflanze. Ohne regelmäßige Düngung läßt sie sich schwer in die gewohnte Fruchtfolge des Landes einschalten. Ohne Dünger keine Baumwolle, das ist der Kernpunkt der Wahrheit. Wenn das Sudanische Hinterland eines Tages nach dem Beispiel des englischen Indien ein großer Baumwollproduzent auf dem Wege der Trockenkultur werden sollte, so wird dies keinesfalls eine Folge wissenschaftlicher Entdeckungen sein, deren Nützlichkeit und bisherige Erfolge verständigerweise niemand bestreiten wird, sondern des Umstandes, daß die Eingeborenen, weil sie ihr eigenes Interesse an einer starken Düngeranwendung erkannt haben, deren Gebrauch verallgemeinern und verstärken.

Das Problem erschöpft sich also nicht ausschließlich im Gebiete der Agronomie, Bodenkunde und Botanik, sondern ist hauptsächlich eine Frage der Eingeborenenerziehung. Es handelt sich darum, durch Beispiel und Rat die im afrikanischen Busch verstreuten Landwirte an Methoden der Kultur und der Züchtung zu gewöhnen, die stark von ihren Jahrhunderte alten Praktiken abweichen. Wenn man aus Beispielen, in denen der Versuch nach solcher Richtung gemacht worden ist, Schlüsse ziehen darf, so ergibt sich, daß man mit Fristen dabei rechnen muß, die mindestens die Dauer einer Generation haben werden.

Allgemeine Gesundheitsverhältnisse

Auf den ersten Blick scheint eine solche Zeitdauer die Verwaltung kaum reizen zu können, sich dieser langfristigen Aufgabe mit Eifer hinzugeben oder doch kaum anders als in der Form des Experimentes und der streng lokalbeschränkten Ziele. Bei näherer Betrachtung erkennt man überdies, daß solche Unternehmungen bei weitem den gewöhnlichen wirtschaftlichen Rahmen überschreiten. Die Anwendung des Pfluges und des Düngers in Französisch-Westafrika verallgemeinern, das heißt nämlich nicht weniger, als an die Stelle des Buschs die Bodenkultur und an die Stelle der Waldbrache die Erzeugung von Viehfutter setzen, das heißt aber auch weiterhin, das Land von seinem Mantel von Kleinvegetation bereinigen, die in ihrem Anblick unsauber und in ihrer Wirkung — wegen Beherbergung des dem Menschen und Vieh so feindlichen Kleinlebens — so verheerend ist. Besonders ist es die Tse-Tse-Fliege, deren immer noch wachsende Verheerungen im schwarzen Afrika man kennt, die sich unter dieser Decke feuchten Pflanzenwachstums hält und vermehrt. Dasselbe gilt aber auch für eine ganze Anzahl von Stechfliegenarten, die dem Viehstand jährlich große Verluste beibringen, ebenso für die Verbreiter der Malaria und für eine ganze Reihe anderer Insekten, die nach moderner menschlicher Wissenschaft am Anfang von Krankheiten an Menschen und Vieh stehen.

In Westafrika, nicht anders übrigens wie auch sonst in der ganzen Welt, geht die Sauberkeit des Bodens mit der Hygiene des Lebens parallel, und diese Sauberkeit des Bodens kann in ökonomischer Weise nur dadurch realisiert werden, daß man die Ackerkultur entwickelt, um so die brachliegenden Flächen zum Verschwinden zu bringen. Man erkennt so auf den ersten Blick, welch mächtige Hilfe die Modernisierung der Eingeborenenkultur der Gesundung des sudanischen Lebens überhaupt zu bringen vermag.

III. Der Niger

Allgemeines

Bei der bisherigen Beschreibung der Verhältnisse des westlichen Sudan ist die Hydrographie mit Bedacht beiseite gelassen worden. Das ist geschehen, weil bis in die letzten Zeiten hinein die sudanischen Wasserläufe nur in bescheidenem Maße an der ökonomischen Entwicklung des Landes teilgenommen haben. Der größte unter ihnen, der Niger, durchläuft den Sudan von einem Ende zum andern, ohne doch durch seine reichlichen Wassermengen, die er den Schwarzen zur Verfügung stellt, mehr als einigen zehntausend Personen das Leben zu fristen.

Abgesehen von gewissen Einzelgebieten seines oberen Laufes und einer fruchtbaren Zone mit Düngerwirtschaft in seinem zentralen Delta und Seengebiet, da wo die Überflutungen die Reiskultur begünstigen, ziehen die Territorien, die er bewässert, wenig landwirtschaftlichen Gewinn daraus. Einzig und allein die Hirten der Fulbe und der Tuareg — abgesehen natürlich von den Flußschiffern — haben wirkliche Vorteile, und zwar insbesondere für die Aufzucht ihres Viehes, mit dem sie alljährlich die Überflutungsweiden nutzen.

Wie schon oben gesagt, nimmt der Niger und seine oberen Zuflüsse zunächst eine Richtung, die geradlinig vom Ozean wegführt. Das erste große Einzugsgebiet endet in einer Region, die die Form einer flachen an den Rändern etwas aufgebogenen Schüssel hat, und deren Eingang sich am Debosee, deren Ende dagegen in der Gegend von Timbuktu befindet. Jedes Jahr überschwemmt der Fluß mehr oder weniger vollständig dieses Wannengebiet. Er mündet darin in der Form eines inneren Deltas, das seinen Ausgangspunkt bei Sansanding hat. Zwischen Kulikoro und dem Beginn des Zentraldeltas beträgt die mittlere Neigung des Nigerlaufes einen Meter auf 15 km. Dieses Gefälle hält sich von Sansanding bis Diafarabe — dem Punkte, wo der Arm des Diaka sich abtrennt — ungefähr auf gleichen Maßen; es vermindert sich von da ab jedoch bis zu einem Grade, daß der Flußlauf in der Seenzone quasi in eine Horizontale übergeht (weniger als $^1/_{100\,000}$ Gefälle zwischen Debosee und Timbuktu).

Vom Flugzeug aus gesehen, stellt sich dieses Gebiet als das Bett eines einstigen großen Sees dar, der in geologischen Zeiten allmählich in eine Wüste umgewandelt worden ist. Reihen von Dünen, die in paralleler Richtung von Westen nach Osten laufen, und von magerer Vegetation eingekleidet sind, bedecken den größten Teil seiner Fläche. In einer Zeit, die schwer zu bestimmen ist, hat der Niger, verstärkt durch seinen oberen Hauptzufluß, den Bani, diese Dünen im rechten Winkel durchbrochen. Zur Zeit der jährlichen Flut breitet sich die Überschwemmung in einem unentwirrbaren Netz von Bändern, Armen und Seen über das ganze Gebiet hin aus, die unterliegenden Sande bis in die Tiefe durchtränkend. Beim Fallen der Flut geben dann manche dieser Seen einen Teil der Wassermengen, die sie so empfangen haben, wieder an den Niger zurück. Andere (wie der Telesee, der Fagibin und der Doma) die tiefer gelegen sind, als selbst der abfallende Wasserstand des Niger, unterliegen nur in dem Maße

Wasserverlusten, wie sie durch die Versickerung und durch die Verdunstung bedingt sind.

Unterhalb von Timbuktu bis zum Rande der Enge von Tosaye setzt der Niger seinen Lauf nach Osten hin auf einem fast horizontalen Profil fort. Hinter diesem Punkte fließt er dann, nachdem er eine Felsenschwelle durchbrochen hat, zwischen steilen Abhängen weiter und wendet sich schließlich nach Südosten.

In dem Maße, wie er sich dem Ozean nähert, werden die Gebiete, die er durchfließt, immer weniger trocken. Bei seinem Eintritt in Englisch Nigeria, nahe von Gaya, sind die lokalen Regenfälle ungefähr von derselben Größenordnung, wie die in der Gegend von Bamako. Von neuem wenden sich nun auch Wasserläufe wieder seinem Bette zu, deren hauptsächlichster der Benue ist, der von der Bergkette von Adamaua kommt. Nach einem weiteren Lauf von 4200 km erreicht schließlich der Niger das Meer in Form eines zweiten Deltas, das sich zwischen Forcatos und Port-Harcourt ausbreitet, und dessen Gebietsweite ungefähr derjenigen des inneren Deltas gleich ist.

Im großen Schema gesehen sind es eigentlich drei Flüsse, die den Niger zusammensetzen:

1. Oberhalb der Seenzone: der Dioliba genannte Teil, der mit seinen Zuflüssen aus Regenregionen kommt, und sich im Gebiete der Seenzone, wo bereits trockenes Klima herrscht, in einem Delta verliert, wobei er sich in drei Hauptarme teilt.

2. Zwischen Timbuktu und Gao, der unter dem Namen Issa-Ber bekannte Teil, der Verbindungskanal zwischen dem oberen und dem unteren Nigerfluß, und

3. Zwischen Gao und dem Meere der untere Niger oder Kuarra, dessen Wassermengen, wie sie bei Gao vom Issa-Ber herangetragen werden, sich durch Regenfluten in dem Maße vermehren, wie der Strom sich der Küste nähert.

Diese eigenartige Lage, auf die wir gegebenen Ortes zurückkommen werden, bestimmt in den drei Sektoren die Gesetzlichkeit des Auf- und Abschwellens des Niger. Im oberen Einzugsbecken, wo die Regenfälle im April einsetzen, dann im Juli—August zu einem Maximum anwachsen, erscheint die Flut im Mai und erreicht ihren Kulminationspunkt gegen Anfang Oktober. Die Seenzone ist ein Reservoir, das sich auffüllt, sobald die vereinten Wassermengen des Niger und des Bani höher emporsteigen, als dem Niveau des Bettes des saharischen Abflusses entspricht, und das sich wieder leert, wenn die Wasser des Niger fallen. In Timbuktu ist das Höchstniveau erreicht um den 1. Januar, in Niamey im Laufe des Februar. Flußabwärts dieser Stadt beginnen schon örtliche Regengüsse ihren Einfluß fühlbar zu machen, wodurch sich eine neue Flutwelle, in allen Punkten ähnlich der des oberen Beckens, gewissermaßen auf jene aufpfropft.

Auf diese Weise ist der Niger in seinem Oberlauf ein Fluß mit einer, in seinem Unterlauf aber ein Fluß mit zwei jährlichen Flutwellen.

Die Hochwasser des Niger

Von 1907 an hat man regelmäßig hydrometrische Aufzeichnungen über den oberen Lauf des Flusses niedergeschrieben. Die stärkste

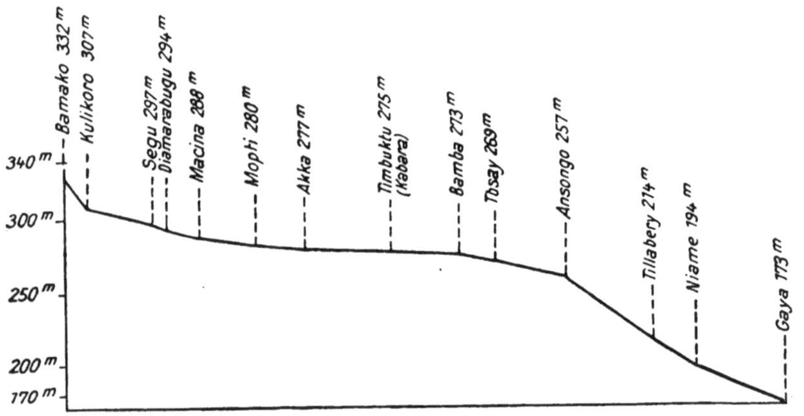

Abb. 4. Profil längs des Niger, zwischen Bamako und Englisch-Nigeria

Hochwasserwelle im Laufe des ersten Drittels unseres Jahrhunderts war die von 1925. Die Fluten erreichten bei Kulikoro und bei Biamarabugu[1]) 8,25 bzw. 7,71 m Höhe und die Wassermenge je Sekunde ein Maximum von 7800 cbm. 1935—1936, ein Jahr, das man mittel nennen kann, ergab als Höchstwasserstand, beobachtet am 30. September und 5. Oktober, 6,22 und 6,09 m, und erreichte 5300 cbm Durchflußmenge. Die Gesamtwassermenge dieser Flut wurde auf 45 Milliarden cbm berechnet. Im gleichen Jahre ergab sich bei Niamey am unteren Niger eine Maximalflutwelle von 1800 cbm. An diesem Punkte errechnet sich 1933/34 eine Totalwassermenge von weniger als 33 Milliarden cbm, während sich bei Segu eine solche von 54 Milliarden cbm ergab.

Die Wasserverhältnisse des Bani sind bisher nur oberflächlich studiert, und daher wenig bekannt. Nach gemachten Probemessungen ist es jedoch gestattet, anzunehmen, daß die Wassermengen, die der

[1]) Dorf in der Nähe der im Bau befindlichen Nigersperre von Sansanding.

Bani sammelt, ungefähr um $^2/_3$ denjenigen des Niger unterlegen sind. Danach sind im Jahre 1933/34 rund 72 Milliarden cbm in die Seenzone eingetreten, und bei Tosaye weniger als 33 Milliarden wieder ausgetreten. Etwa 40 Milliarden cbm, also mehr als die Hälfte des im obern Nigerbassin zusammengeströmten Wassers, wären mithin zwischen Mopti und Tosaye verschwunden; entweder durch Verdunstung, Versickerung oder Abfluß in Seitenläufe und Becken. Diese ungeheure Verlustziffer zeigt schlagend die Absorptionsfähigkeit der Seenzone, und weist auf die Mittel hin, über die die Ingenieurkunst verfügt, um eventuell diese wasserwirtschaftlichen Verhältnisse dem Menschen nutzbar zu machen.

Die niedrigste Flut während der letzten 30 Jahre hat sich am oberen Nigar im Jahre 1913 gezeigt. In diesem Jahre überschritt der Fluß bei Kulikoro niemals den Stand von 4,7 m, und sein Maximaldurchfluß blieb unter 2800 cbm.

Das Jahr 1913, das der großen Hungersnot vorausging, gehört zu einer Reihe von trockenen Jahren, die im westlichen Sudan den Zeitraum von 1910/24 ausfüllen. Dieser Periode ist dann eine Reihe feuchter Jahre gefolgt, deren mittlere Maximalflutwelle um 1 m höher steigt als die in der vorausgegangenen.

Gleichartige Feststellungen sind übrigens seit langem auch am Nil gemacht worden. Und immer war Ägypten arm, wenn die Flut niedrig blieb, während es prosperierte, wenn die Flut große Ausmaße gewann. Dieses Widerspiel hat sich beträchtlich abgeschwächt, seitdem die Bewässerung der Ländereien allgemeiner geworden ist, und die Flußsperre von Assuan gebaut wurde. Dagegen herrscht es noch heute am Niger, wo über den Raum von tausenden von Meilen die Wasser wild und unreguliert dahinfließen, zwischen Kulturen, die noch heute völlig der Laune der Jahreszeiten ausgeliefert sind.

Die Vergangenheit des Niger

Die tiefgehenden Veränderungen, denen der Lauf des Niger in historischen Zeiten unterworfen war, erklären sich verhältnismäßig einfach. Es handelt sich um einen mechanischen Prozeß: Die Austrocknung der oberen Teile des Zentraldeltas ist herbeigeführt dadurch, daß die Abflüsse des Niger einer langsamen Verlagerung nach Süden unterliegen (wahrscheinlich verursacht durch die Tätigkeit der herrschenden Winde), wobei diese allmählich das ganze Gebiet verschlammen. Durch die Senkung des Niveaus der Seenplatte im Gefolge der Erweiterung und fortschreitenden Vertiefung des sandigen Bettes

2*

des Issa-Ber (der durch frühere Dünenverwehungen sein Bett überhöht hatte und erst jetzt allmählich zu seinem alten Gleichgewicht zurückkehrt) ist es geschehen, daß zwischen Timbuktu und Tosaye sowohl die Gebiete von Mema wie die von Dauna der jährlichen Überschwemmung entzogen worden sind.

Aus derartigen Feststellungen ziehen wir folgende wichtige Lehre: Wenn Natureinwirkungen von so großer Einfachheit und so mittelmäßiger Kraft fähig gewesen sind, in einem Jahrtausend die Hydrographie des Niger derart zu verändern, und zwar zum Schaden von Gebieten, die früher wohl bevölkert waren, jetzt aber wüst liegen, so muß eine Aktion, die rationell geleitet ist, ohne beträchtliche Kosten auch Ergebnisse gegenteiliger Art erzeugen können. Mit anderen Worten: Es muß möglich erscheinen, an diesem Flusse mit schwacher Neigung — wenn auch gewiß nicht ohne Aufwand beträchtlicher wassertechnischer Arbeiten, die aber bestimmt bei weitem geringer sein werden als beim Nil — die eingetrockneten Abflüsse des Zentraldeltas wieder zu beleben und dadurch weite Flächen, die einstmals bereits fruchtbar waren, der menschlichen Besiedlung wiederzugewinnen.

IV. Das nigerische Ägypten

Die Entstehung des Zentraldeltas

Zwischen dem Ober- und dem Unterlauf des Niger besteht unter dem Gesichtspunkte der Möglichkeit, sie wasserwirtschaftlich auszunutzen ein tiefgehender Unterschied. Während der Dioliba, ausgehend von einem Regengebiet, sich in ein Delta ergießt, das in seinen äußern Teilen bereits dem subsaharischen Klima angehört, kommt der Kuarra von der Sahara, um wenige Grade nördlich des Äquators in einer Ebene überreichlicher Niederschläge zu enden.

Der landwirtschaftlichen Nutzung sind durch derartige ungleiche Vorbedingungen des Wassers natürlich vollkommen ungleiche Möglichkeiten gegeben. Wenn unterhalb Tosaye am Unterlauf des Niger kaum Nennenswertes geschehen kann, sind ganz im Gegensatz dazu oberhalb dieses Punktes und ganz besonders im Zentraldelta und in der Seenregion weite Perspektiven für die Wassernutzung offen. Die schnellsten und wirksamsten Aussichten sind jedenfalls im Zentraldelta vorhanden.

Das, was ein Delta charakterisiert, ist nicht, wie man allgemein anzunehmen pflegt, die Tatsache, daß ein Wasserlauf sich in mehreren Armen ins Meer ergießt. Es ist dies vielmehr — und zwar ausschließlich — eine gewisse Art der Terrainbildung, die Art, wie darin die Wasserarme fließen, und wie sie ihr Querprofil bilden. Solange ein Fluß in einem konkaven Bette fließt, setzt er seine Erosionsarbeit fort. Die Kraft seines Stromes bleibt hinreichend, um die festen Teile, die er seinen Uferpartien und seiner eigenen Unterlage entrissen hat, wie ebenso diejenigen, die ihm seine Zuflüsse zubringen, talabwärts zu führen. Sobald die Geschwindigkeit des Flusses infolge mangelnden Gefälles nachläßt, haben die festen Teile, die sein Wasserstrom in der Schwebe zu halten vermochte, Neigung sich abzusondern. Erd- und Schlammassen setzen sich nunmehr ab, und der Fluß hat Mühe, sich zwischen ihnen Durchgang zu verschaffen. Kommt eine Flut, so ufern die Wasser aus dem Bett der verbliebenen Rinnsale aus und überschwemmen in mehr oder weniger großer Höhe die abgesetzten Inseln, die sie trennten. Die schwersten Sedimente setzen sich naturgemäß zuerst ab. Sie erhöhen allmählich die Ufer und ihre unmittelbar anschließenden Gebiete. Die leichter schwimmenden Elemente werden noch weiter geschleppt, schließlich aber gleichfalls abgesetzt. Aus dem konkaven Zustand, den die oberen Partien des Flusses hatten, bildet sich so, entlang jedes einzelnen Rinnsals ein konvexes Profil. Der Lauf der verschiedenen Arme geht auf diese Weise über in eine Art von Firstlinien, während der Abfluß des Überschwemmungswassers sich in die Senken zwischen diesen bewerkstelligt.

Dies ist die Art und Weise, wie sich auch das innere Delta des Niger gebildet hat. Sein Ausgangspunkt liegt bei Sansanding, einer kleinen Eingeborenenstadt, etwa 50 km stromabwärts von Segu, in dessen Nachbarschaft sich auf dem linken Ufer die beiden ersten Deltaarme des Flusses abzweigen; der eine erreicht — durch die Provinzen Kala und Kurumari fließend — in nördlicher Richtung eine Sandsteinbank, der er von Westen nach Osten folgt, um sich schließlich in zwei Armen in die Seenzone zu ergießen. Dies ist der Fala de Molodo, in seinem untern Bett Tienaba genannt. Der andere, der den Ort Sansanding 7 km nördlich umfließt, wird der Fala de Sansanding genannt. Er läuft dem Niger parallel und verliert sich schließlich im Gebiet von Macina. Zur Zeit als die beiden entdeckt wurden (1921/25), hatten sie beide seit langem schon keine Verbindung mehr mit dem Niger, ausgenommen zur Zeit der größten Flut. An ihrer Abzweigungsstelle durch große Sedimentansammlungen versperrt, war in normaler Zeit ihre Austrocknung fast vollständig. Um Abflüsse anzutreffen, die noch in natürlicher Tätigkeit sich befinden, mußte man auf dieser Uferseite schon bis Diafarabe hinabsteigen, wo sich der Marigot de Diaka abzweigt. Abwärts Diafarabe zweigen dann noch mehrere Arme geringerer Bedeutung ab, die — wie der Diaka selbst — im Debosee münden.

Auf der rechten Seite des Stromes ist die Hydrographie des Deltas viel weniger klar. Und dies deswegen, weil auf dieser Seite die Überschwemmungen des Niger sich mit denen seines Hauptzuflusses, des Bani, vermengen. Von geringerem Gefälle als der Niger, behält das Bett des Bani bis in die Nähe von San ein konkaves Profil. An diesem Wasserlauf beginnt die wirkliche Deltabildung erst einige 30 km stromaufwärts von Djenne, wo sich der Marigot de Kuakuru abzweigt, der

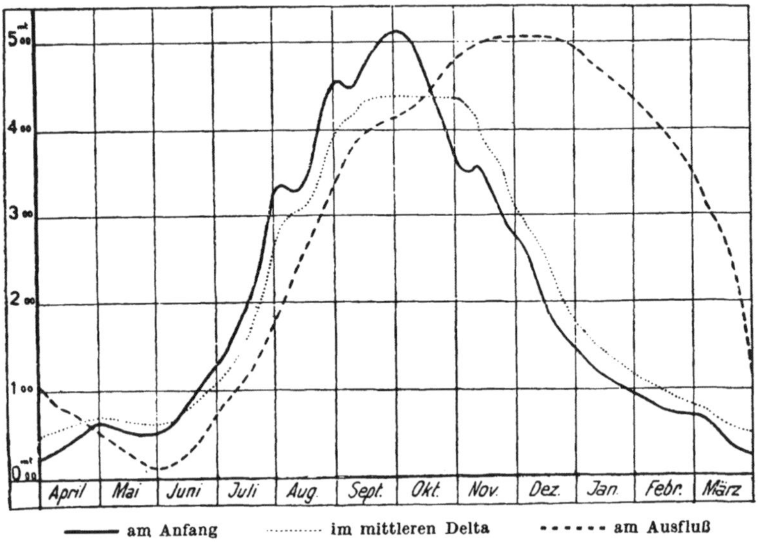

Abb. 5. Graphische Darstellung der Hochwasser des Niger am Anfang, Mitte und Ende des Zentraldeltas

eigentliche Verbindungsarm mit dem Niger. Bis dahin schicken die Abzweigungen des Niger mehr oder weniger direkten Weges ihre Wasser zum Bani hinüber. Im Gegensatz dazu geht der Wasserstrom bei Kuakuru je nachdem, wie sich aus den beiderseitigen Flutverhältnissen heraus das Niveau des Niger zu dem seines Hauptzuflusses verhält, vom letzteren zum Niger oder in umgekehrter Richtung.

Die einzigen Gebiete auf der linken Uferseite des Niger, die regelmäßig alle Jahre von den beiden Strömen her überschwemmt werden, sind das mittlere und das untere Macina, außerdem zwischen Niger und Bani die untern Teile des Karadugu und das ganze Pondorigebiet. Das Land Femay zwischen Djenne und Mopti, das von Kanälen durchfurcht ist, ist zu großen Teilen der Überflutung entzogen.

Die Flut bginnt im allgemeinen im September und endet, ausgenommen in der Nachbarschaft des Debosees, spätestens im Januar. Die nebenstehende graphische Darstellung zeigt an der Hand der Flutaufzeichnungen bei Diamarabugu (nahe Sansanding), Diafarabe und Akka (am Debosee) die Entwicklung der hydrometrischen Verhältnisse des Niger während des Durchflusses durch sein zentrales Delta.

Der jährlich überschwemmte Teil des Deltas ist ein Land großer Grassavannen, das in der trockenen Jahreszeit zahlreiche Herden beherbergt. Diese Savannen verlieren flußaufwärts in dem Maße an Bedeutung, wie die Überschwemmung des Landes weniger regelmäßig wird. Dem Walde gelingt es dann bereits, sich zur Wehr zu setzen; er behauptet die höhergelegenen Stellen in Form verstreutliegender Inseln zwischen den Lichtungen.

In den Gebieten, die früher einmal von den jetzt ausgetrockneten Wasserläufen des Deltas bewässert worden sind, hängt die Verteilung der Vegetation von anderen Faktoren, insbesondere vom Klima, ab. Da, wo im Kalagebiet die fallenden Regenmengen noch bedeutend sind, erscheint die Vegetation noch üppig, während sie gegen Norden zusammenschrumpft und lichter und lichter wird. Zur Bildung von Buschwerk sind nördlich des 15. Breitengrades nur noch die Senken, wo sich Regenwasser anzusammeln vermag, und Stellen mit wasserdichter, felsiger Unterlage im Stande. Die Sandgebiete sind bedeckt vom Wuchs zerstreuten Buschwerks. Was die tonig-kiesigen Böden anbelangt, die in den Regenzeiten von kurzem Graswuchs überzogen werden, so zeigen sie in der trockenen Saison ein Bild mehr oder weniger großer Nacktheit.

Zu diesen Umständen des Klimas und der hydrographischen Oberflächengestaltung, aus denen sich der verschiedenartige Anblick des lebendigen und des toten Deltas erklärt, kommen noch Verschiedenheiten der Bodenunterlage, die diese Unterschiede noch stärker hervortreten lassen. Während das überschwemmte Macinagebiet völlig den typischen Deltabildungen, z. B. am Nil, entspricht, gleicht das tote Delta von Kala, Kurumari usw. vielmehr einer Reihenfolge von Seegründen, die der Fala de Molodo einstmals verband und mit Wasser füllte. Das ganze Gebiet stellt sich als ein Plateau dar, das auf grobem Sandstein aufliegt. Es ist in bereits weit zurückliegenden Zeiten, und zwar wahrscheinlich zu mehreren Malen (zusammenfallend mit Klimaumschlägen und Änderungen des Stromlaufs) von den vom Futa Djallon herabkommenden Wassern überflutet, und im Laufe dieser Zeiten mit fruchtbarem Schlamm überdeckt worden. In den tieferliegenden Punkten blieben ständig große Wasserflächen stehen. So die Seen von Sigine, Sokolo, Mema und andere. Die Legende, die die Gründung von Sokolo ins 15. Jahrhundert verlegt, erwähnt die Existenz eines Sees, dessen Ausfluß sich genau neben der Stelle befunden haben soll, wo heute diese Menschenansammlung liegt.

Die Stärke der Seeablagerungen hängt naturgemäß von der Tiefe der früheren Senken ab. Sie ist bedeutender im Gebiete von Mema, wo der Sandstein bis zu 50 m unterhalb des Bodenniveaus liegt, wie im Gebiete von Kala, wo man ihn schon bei 20 oder 25 m antrifft. Bei dem Brunnen von Kolima im Memagebiet (1922 in Angriff genommen, aber niemals beendet) scheint die Dicke der rezenten Ablagerungen 10 m und darüber zu sein. In den höher gelegenen Gebieten der Provinz Kala überschreitet sie kaum 5—6 m, und oft selbst kaum 2—3 m.

Um es ganz richtig zu stellen, verdankt die Bildung des fruchtbaren Bodens des Nigerdeltas nicht ausschließlich der Ablagerung des Flusses ihren Ursprung. Ein anderer Faktor ist hinzugetreten. Wenn der Harmatan bläst, verfinstert sich der sudanische Himmel mit ungeheuren feinen Staubmassen, die er dem saharischen Regg entrissen hat. Tritt Windstille ein, so setzen sich diese Staubmassen nieder und werden in den höheren Partien zum Gegenstand der Abtragung durch das rieselnde Wasser, im Delta selbst dagegen, besonders in seinen regenarmen Gebieten, bleiben sie an ihrem Platze und setzen die Auffüllungsarbeit der Überschwemmung fort.

Die Böden des Zentraldeltas

Die alluvialen Böden des Deltas haben in ganz Französisch-Westafrika kaum ihresgleichen. Zweifellos gibt es in manchem Flußtal mehr oder weniger große Massen von Sedimenten. Man trifft solche längs des Bani, des Kuarra und des Senegal an. Aufwärts von Bakel am Senegal bieten sie bis in die Gegend des Gierssees einen Anblick, der dem im oberen Ägypten ziemlich gleichsieht. Aber nirgendwo erreichen sie die Bedeutung der Nigerischen Ablagerungen. Außerhalb des Zentraldeltas erfüllen solche Flußsedimente das Gebiet zwischen dem Debosee und Timbuktu, wo sie durch die Ausbreitung der Flußwasser und durch ständige Absorption die Seenplatte gebildet haben. Sie breiten sich gleichfalls unter den Dünen nordwestlich des Fagibinsees aus, und erscheinen weiterhin in den Weideflächen von Akle und jenseits davon im Djuf wieder.

Schon oft beschrieben, hat die Zusammensetzung dieser Böden den Gegenstand mancher Kontroversen gebildet. Sie in Vergleich setzend mit den Böden des Nil, behaupten die einen, daß sie arm seien, während die anderen sie den fruchtbarsten ägyptischen Böden gleichsetzen. Wie immer liegt die Wahrheit in der Mitte. Der Ackerwert der Nigerischen Böden kann übrigens nicht durch einfache Bejahung oder Verneinung ihres Wertes eingeschätzt werden. Um sie richtig zu erkennen, ist es am besten, so vorzugehen, daß man sie mit andern tropischen Böden vergleicht. Aber nicht in der Weise, wie es oft seitens der Reisenden geschieht, daß man sich auf die Stärke und Güte der Walddecke und die Saftigkeit des Grüns stützt, was nämlich

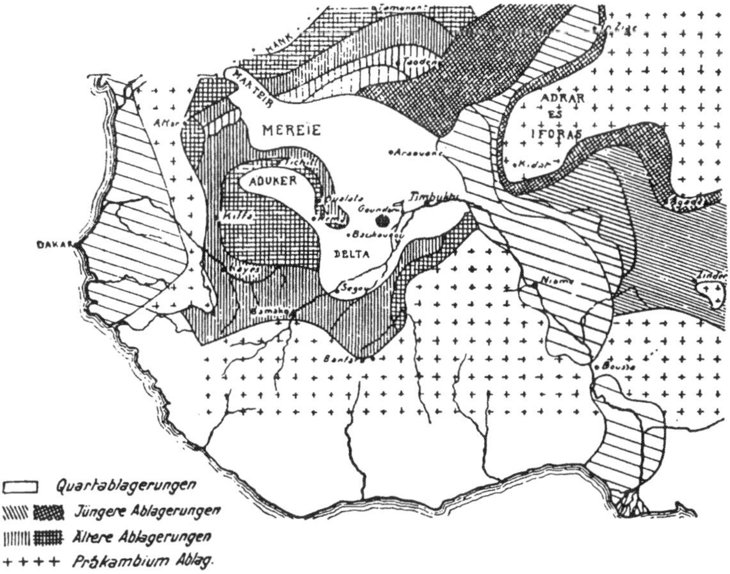

Abb. 6. Geologische Karte von A. O. F.

dahin führen würde, daß man die Urwaldböden des Südens für ungewöhnlich fruchtbar, und die abgeschält erscheinenden Böden des Sahel für steril halten müßte.

Sowohl physikalisch wie chemisch sind die Böden der Küstenkolonien und des Nigerdeltas analysiert worden. Die nachfolgenden Tabellen geben die Möglichkeit, sie miteinander zu vergleichen.

Die Daten der ersten Tabelle bestätigen, wie man nicht anders erwarten konnte, den Reichtum des Nigerischen Deltabodens an feinkörnigen Elementen. Diese angeblich so „unfruchtbaren Sande" sind in Wirklichkeit ausgesprochene Lehm- und Humusböden, arm an groben Elementen, wie Kiesen und groben Sanden. Die chemische Analyse erweist einen hinreichenden Gehalt an Kalk, Magnesium und Pottasche. Wie die meisten tropischen Böden ermangeln auch sie der

Tabelle 1

Physikalische Zusammensetzung

	Grobe Elemente ‰	Grober Sand ‰	Feiner Sand ‰	Ton ‰	Humus ‰
Senegal Erdnußböden ...	3,4	918	44	16	7
Elfenbeinküste Waldböden	94	422	392	90	nicht gemessen
Zentralnigerdelta					
Lebendes Delta:					
Macina	2	443		52,0	24
Totes Delta:					
Kala	2	80	350	17,6	nicht gemessen
Kurumari	0	134	491	37,6	nicht gemessen
Mema	0	220	550	20,8	24

Tabelle 2

Chemische Zusammensetzung

	pH %	Stickstoff %	P_2O_3 %	Pottasche %	Kalk %	Magnesium %
Senegal Erdnußböden ...	nicht festgestellt	0,20	0,18	0,18	0,44	nicht gemessen
Elfenbeinküste Waldböden	4,9	1,15	0,30	0,25	1,00	1,1
Guinea Bananenböden ..	4,8	0,80	0,12	0,20	0,8	nicht gemessen
Zentralnigerdelta						
Lebendes Delta:						
Macina	5,2	0,49	0,37	0,79	1,5	4,5
Totes Delta:						
Kala	5,7	0,35	0,50	1,10	2	1,5
Kurumari	6,1	0,50	1,31	0,60	3	2,7
Mema	6,4	0,75	0,58	1,01	2,7	1,5

Phosphorsäure, aber in minderem Grade als die Böden der französischen westafrikanischen Küste, auf denen Erdnüsse, Kakao und Bananen gebaut werden. Verglichen mit gewissen Baumwollböden der Vereinigten Staaten und Indiens (vgl. die nachfolgende Tabelle 3), weisen sie einen gleichartigen Gehalt an Stickstoff und Phosphorsäure und einen mittleren Reichtum an Pottasche, Magnesium und Kalk auf.

Tabelle 3

	Stickstoff %	P_2O_3 %	Pottasche %	Kalk %	Magnesium %
Hartsville (Vereinigte Staaten)	0,34	0,58	0,40	0,12	—
Ison Doab (Cawnpore) Indien	0,81	0,80	6,4	4,17	3,2

Verglichen mit den ägyptischen Böden sind die Nigerischen offenbar weniger reich an Kalk und Phosphorsäure; ihr Gehalt an Stickstoff und Pottasche dagegen steht auf gleicher Stufe.

Es ist zuzugeben, daß die physikalische wie auch die chemische Bodenanalyse — ein Wissenschaftler wie Professor A. Chevalier, hat es kürzlich hervorgehoben — nicht immer das richtige Maß der Fruchtbarkeit der Böden vermittelt. Immerhin unterrichtet sie mindestens über den Umfang der in ihnen enthaltenen organischen und mineralischen Reserven. Es ist zu hoffen, daß das Bodenstudium weiter große Fortschritte macht. Neue Methoden sind vorgeschlagen, und oft auch bereits mit Erfolg angewandt worden[1]. Dennoch herrscht leider noch immer über ihren praktischen Wert ziemlich große Ungewißheit, und das mindeste, was man sagen kann, ist, daß diejenigen, die die neuen Methoden anpreisen, sich noch keineswegs darüber einig sind.

In Französisch-Westafrika und besonders im Sudan existiert aber eine bei den Eingeborenen eingeführte Bewertung des Bodens, die zwar von Provinz zu Provinz etwas verschieden ist, im wesentlichen aber überall auf denselben Prinzipien beruht: dem Aussehen, der Natur der wildwachsenden Vegetation und dem landwirtschaftlichen Ertrage der Böden. Das interessanteste an dieser Methode ist, daß sie sich auf die Lehren einer langen Erfahrung zu stützen vermag. Bezeichnenderweise ergibt sich dabei, daß die Pflanzendecke durch den Menschen nur wenig in ihrem Artbestande verändert wird. So sind in der Regel im toten Delta die menschlichen Eingriffe der Ackerkultur in ihrer Folge: Buschbrand, Umbruch usw. von schwacher Einwirkung, eine Erkenntnis, die große Tragweite für unsere weitere Betrachtung haben kann. Aufbauend auf solchen Beobachtungen haben sich die Engländer, als sie sich an die Aufschließung der wüstliegenden Doabs des Punjap machten, diese Methode der Bodenschätzung Hektar für Hektar zunutze gemacht. Im Nigerdelta von uns eingeführt, als wir anfingen, endgültige Landesaufnahmen zu machen, hat diese Methode Resultate gezeitigt, die von unbestreitbarem praktischen Werte sind. Die nachfolgende Skizze, die mit ihrer Hilfe aufgestellt worden ist, stellt das Gebiet von Mema und Teile von Farimake dar, Provinzen des Zentraldeltas, in denen die Baumwollkultur vorherrscht.

---

[1] Wer sich des Näheren über den Stand der tropischen Bodenkunde in leichtverständlicher Fassung unterrichten will, sei verwiesen auf: Dr. W. Dietrich, Die Dynamik der Böden in den feuchten Tropen, Berlin 1941. Selbstverlag, Berlin-Pankow, Postfach 12.

Für denjenigen, der diese Kartenskizze mit Aufmerksamkeit studiert, ist sie außerordentlich aufschlußreich. Die sandsteinartige Unterlage, die im Laufe der Überflutungen mit einem dicken alluvialen Mantel bedeckt worden ist, erscheint in augenfälliger Form nur im Süden (schwarz) als fast geradlinige Bank, von der schon oben einmal die Rede war, weil sich an ihr der Fala de Molodo stößt, und ihr in seinem Laufe folgt. An anderen Punkten durchstoßen die alten Ablagerungen, die sich durch ihre bereits erfolgte steinige Verdichtung

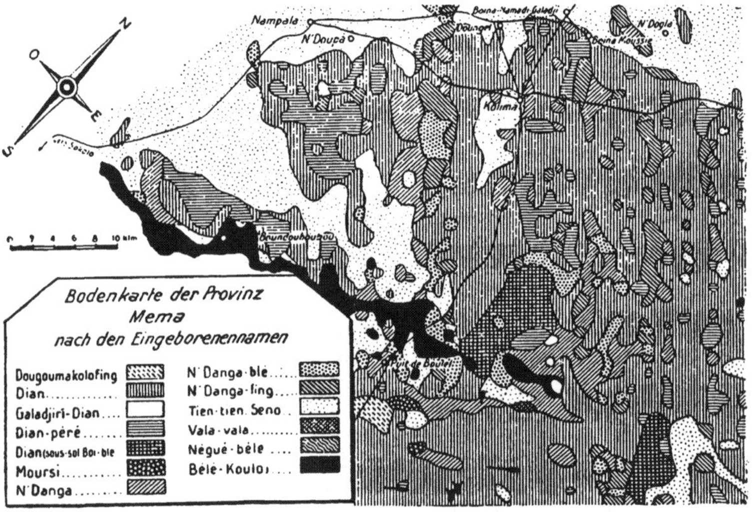

Abb. 7. Bodenkarte von Mema

kennzeichnen (Negu-Bele), die rezenten Anschwemmungen in der Form von wasserundurchlässigen linsenförmigen Lehmnestern, ihrerseits wieder mit einer dünnen Schicht von Lateritkieseln bedeckt. Der Einbruch der Wüstensande ist gekennzeichnet durch Dünenketten (Seno), die im Norden das Memagebiet abschließen, und durch einige Sandanhäufungen (Tien-Tien), deren Bedeutung verschieden ist, und die sowohl in dieser Provinz, wie auch in der vom Farimake, verstreut zu finden sind. Sie ruhen auf den Ablagerungen des Seewassers. Die Böden, die in der Tabelle Nr. 1 mit ihren mittleren physikalischen Zusammensetzungen angegeben sind, nehmen rund $^9/_{10}$ der Oberfläche des eigentlichen Memagebietes ein. Es sind dies:

Die „N'danga"-Böden reicher an Lehm als an Ton, ziemlich locker und tiefgründig, das Wasser gut haltend, luftdurchlässig und dem Baumwollstrauch zusagend. Sie geben vom ersten Jahre an gute Ernten.

Die „Dian"-Böden, wenig rissig, und die „Dian-pere"-Böden, deren Anblick in der trocknen Saison mit ihren großen vieleckigen Rissen durchaus an die Böden Ägyptens erinnern. Tonhaltiger als die „N'danga"- sind die Dian- und besonders die „Dian-pere"-Böden, zumindest im Anfang, schwieriger zu bearbeiten. Da sie aber im allgemeinen einen höheren Gehalt an fruchtbaren Elementen enthalten, können diese Böden länger ohne Düngung gute Ernten ergeben; unter Bewässerung sind sie ausgezeichnete Baumwollböden.

Die „Mursi"-Böden sind Schwarzerden mit Kalkknollen (oft von anderen Böden durchbrochen) die sowohl der Baumwollpflanze wie auch dem Getreide günstig sind. Ihre Inkulturnahme kann jedoch 2—3 vorbereitende Jahresbearbeitungen erforderlich machen.

Neben diesen wichtigsten, gibt es noch eine gewisse Anzahl von Übergangsböden, die in ihrem Charakter sozusagen Zwischenstufen zu den andern darstellen.

Auf das Ganze gesehen, kann man sagen, daß die verschiedenen Bodenarten des Memagebietes in schwankendem Verhältnis auch in den anderen Provinzen des toten Deltas gegeben sind. Die Feststellungen, die man im Laufe des letzten Jahres in Niono gemacht hat, wo man sie unter ungefähr den gleichen Namen wieder findet, zeigt, daß, von Felsböden (Kulu), Sandböden (Tien-Tien) oder Böden strengen Tones (Negue-bele) abgesehen — deren Sterilität nur noch dem Miletgrase (Tien-Tien) zu genügen vermag — alle rezenten Böden, gleichgültig ob sie durch Wind- oder Wassertätigkeit abgesetzt worden sind, befähigt sind, gute Baumwollernten zu liefern. In Niono haben Dian-, Mursi- und N'Dangaböden nach ordnungsmäßiger Nivellierung, Beackerung und Bewässerung im ersten Jahre gleichwertige Ernten ergeben. Ohne Zweifel werden sich diese Böden in der Zukunft durch ihr verschiedenes Düngerbedürfnis sondern. Im Beginn aber hängt ihre Produktivität in der Tat nur von ihrer mehr oder weniger guten Bearbeitung ab.

Es ist kaum nötig zu sagen, daß die Bodenkartographie des Nigerdeltas, so wie sie heute ist, nicht das Ende der Entwicklung unserer Kenntnisse darstellt. So genau auch das botanische und agrologische Oberflächenbild sein mag, es unterrichtet uns nur schlecht über die Tiefeneigenschaften des beackerbaren Bodens. Nichts ähnelt mehr einem Dian-Boden, der mit einer Stärke von 5 m auf einem undurchlässigen „Negue-bele" ruht, als ein anderer Dianboden, dessen Schicht nur eine Dicke von 60 cm hat. Man hat Probestudien in Angriff genommen, um festzustellen, in welchem Maße Sondierungen systematisch vorgenommen werden können, ohne daß übertriebene Kosten entstehen, um auch nach dieser Richtung die Unterscheidung der Bodenflächen zu ermöglichen. Wenn, wie es scheint, die notwendige Streuungsdichte der Sondierungen nicht zu unübersteiglichen Kosten führt, werden diese Ergänzungsarbeiten verallgemeinert werden.

Das Wasser des Niger

Entstanden durch die Absatztätigkeit der Nigerwasser, hat sich das Zentraldelta im Rhythmus ihrer Zuführung geformt. Im Vergleich mit dem Nil führt der Niger klares Wasser. Wenn auch während 7—8 Monaten des Jahres der Gehalt an Senkstoffen hier und dort einigermaßen miteinander vergleichbar ist (zwischen 20 und 60 auf 1000000), so ändert sich das von August bis November gründlich. Die Masse der festen Elemente, die der Niger in dieser Zeitspanne zu transportieren pflegt (wenig über 100 auf 1000000 im Monat Juli) ist erheblich geringer als gleichzeitig im Nil (1500—2000 und mehr auf 1000000). Insgesamt kann man sagen, daß die festen Teile des Nilwassers im Mittel mehr als die zehnfache Masse derer im Niger ausmachen.

Das gleiche Verhältnis findet sich naturgemäß auch beim Vergleich der Geschwindigkeit, mit der sich in den beiden Deltas das Bodenniveau erhöht. Daran vermag die Tatsache nichts zu ändern, daß im Sudan die vom Winde herangetragenen festen Bestandteile wahrscheinlich höher sind als in Ägypten.

Die Tatsache, daß der Niger verhältnismäßig klare Fluten führt, widerspricht aber keineswegs der Anwendung seines Wassers für die Landwirtschaft. Zweifellos ist richtig, daß der Nilschlamm einstmals den Reichtum Ägyptens ausmachte. Dies vor allem, weil man die Schwämmwasser in abgeschlossenen Bassins für die Kultur ausnutzte. Aber seitdem man dies aufgegeben und die regelmäßige Bewässerung auf weite Flächen ausgedehnt hat, hat sich die Bedeutung des Schlamms um vieles verringert. Die Sorge, der Verschlammung der Kanäle zu begegnen, die wachsende Anwendung von Wassern, die bereits in den Behältern des oberen Ägypten und des ägyptischen Sudan abgeklärt sind, wirken dahin, die beherrschende Bedeutung des Schlammes im Befruchtungsprozeß mehr und mehr zu vernachlässigen. Ägypten befindet sich auf diese Weise heute in der Lage aller landwirtschaftlichen Hauptproduktionsgebiete der Erde, Düngemittel anwenden zu müssen, um die Fruchtbarkeit seines Bodens aufrechtzuerhalten.

Dies ist besonders auch der Fall in Britisch Indien, dessen Wasserläufe, soweit sie zur landwirtschaftlichen Bewässerung herangezogen werden, größtenteils Sande zu führen pflegen. Das ist gleichfalls der Fall für die Provinz Gezira im englisch-ägyptischen Sudan, wo die Bewässerung mit den in den Behältern von Makhwar abgeklärten Wassern stattfindet. Und ganz allgemein gesehen ist dies natürlich auch zutreffend für alle Länder der Erde, die durch das luftdestillierte, reine Regenwasser ihre Feuchtigkeit bekommen.

Arm an Schlamm, ist das Wasser des Niger auch arm an löslichen Elementen. Ihr Gehalt — im Maximum am Anfang und am Ende der Flut — schwankt zwischen 20 und 110 auf 1000000. Der Gehalt an Alkalien und die Härte schwanken im Laufe des Jahres erheblich ohne jemals die Ziffer von 26 bzw. 22 auf 1000000 zu überschreiten. Die Fluten des Niger klassifizieren sich also als ein klares Wasser, das für Bewässerungszwecke ausgezeichnet geeignet ist.

Charakter der von den Eingeborenen angewandten Bewässerung

In der Tat ist eine solche in Französisch-Westafrika bisher kaum woanders als im Zentraldelta, und auch dort nur in der rohesten Art der Ausnutzung der natürlichen Überflutungen, angewandt worden. In den von der jährlichen Überschwemmung erfaßten Regionen wird der Boden nach Rückfluß der Flut tief umgepflügt, und bleibt bis zur Regenperiode der Einwirkung der Luft ausgesetzt. Wenn die Regen ihn hinreichend durchfeuchtet haben, wird der Reis eingesät und wächst zunächst in dem Maße, wie weitere Regenfälle ihm dies ermöglichen. Wenn die rechtzeitige Überschwemmung nicht ausbleibt, sich aber andererseits auch nicht zu schnell entwickelt, führt dies zur Reife der Ernte. Es versteht sich von selbst, daß diese Art der Kultur von Jahr zu Jahr zu sehr verschiedenen Ergebnissen führt. Ist die Überschwemmung zu schwach oder kommt sie zu spät, so ist sie für die Ernte von keinem Nutzen, und diese kommt in der Hitze um. Tritt sie zu früh ein, oder erfolgt sie allzu überreichlich, so bedeutet das die Zerstörung der Reisfelder durch Ertrinken. Die Ausbeutung der Überschwemmungsgebiete ist also nicht weniger ein Würfelspiel, wie die der hochgelegenen Äcker. Das ist der Grund, warum sie sich so schwer weiter ausdehnt. Was die Bewässerung im eigentlichen Sinne des Wortes anbelangt, so sind die von ihr bevorzugten Kulturen — im lebenden Delta wie übrigens auch im Sudan — in erster Linie solche der Gartenwirtschaft, viel mehr jedenfalls als solche feldmäßiger Bestellung. Wo das Oberflächenwasser fehlt, und man daher aus dem Grundwasser schöpfen muß, wie dies im toten Delta der Fall ist, wenden die Eingeborenen die künstliche Bewässerung nicht mehr an. Sie beschränken sich darauf, ihre sandigen Böden zu bestellen, soweit sie die Regenfeuchtigkeit gut halten, und erzielen bei extensiver Bewirtschaftung darauf ziemlich gute Ernten der kleinen Hirse. Die schwereren Böden der Gründe im Seenplateau werden selten bestellt. Es sind dies an sich bei weitem die reichsten, und die sudanesischen Landwirte wissen dies sehr gut. Aber, da sie nicht genügend mit entsprechenden Geräten ausgestattet sind, vermögen sie sie nicht tiefgründig zu bearbeiten. Das Wasser berieselt nur ihre Oberfläche, ohne in den Boden eindringen zu können, und die Pflanzen ermangeln daher des Wassers und sind in trockenen Jahren verloren. Umgekehrt, wenn die Regenfälle reichlich sind, bezahlen sie natürlich weitgehend den Eingeborenen jeglichen Arbeitsaufwand. Aus dieser Situation gibt es keine andere Lösung als die großzügige Inswerksetzung der Bewässerung im eigentlichen Sinne.

Deltaböden sind für eine solche ausgesprochen günstig. Der Acker ist in ihnen tiefgründig, physikalisch gut zusammengesetzt und reicher an fruchtbaren Elementen, als die der benachbarten Gebiete der Höhe. Das Nivellement das oft von Natur aus schon eben ist, erleichtert die Anwendung von Kanälen, und die Verteilung der Wassermengen. Aber ein Werk solcher Art konnte naturgemäß dem Geiste der Schwarzen nicht kommen. Das alte Ägypten, das in grandioser Weise die natürlichen Überschwemmungen des Nil auszunutzen verstand, kam, was die künstliche Bewässerung anbelangt, niemals über das Stadium fragmentarischer Lösungen hinaus, Lösungen, die auf der Hebung des Wassers mit Hilfe der Arbeitskraft von Vieh oder Mensch beruhten. Es ist kaum ein Jahrhundert her, daß sich im Lande des Nils der Gedanke durchgesetzt hat, eine großangelegte künstliche Bewässerung des Landes in Aussicht zu nehmen. Napoleon Bonaparte hat im Laufe seiner Expedition als erster ein Schema dafür aufgestellt. Die Verwirklichung wurde unter Mehemet-Ali durch die Franzosen Mougel und Linant de Bellefonds begonnen, und nach dem Jahre 1880 von den englischen Ingenieuren fortgesetzt, die sich in der Schule Indiens dafür gebildet hatten.

Erste Studien

Man mußte die Nachkriegszeit abwarten, bis das Nigertal imstande war, die Aufmerksamkeit der Ingenieure auf sich zu lenken. In der Tat ist es das Jahr 1919, wo zum erstenmal ein allgemeines Studium des Flusses und seiner landwirtschaftlichen Ausnutzungsmöglichkeiten in Angriff genommen wurde. Von dem damaligen Generalgouverneur des Sudan wird eine Mission (Mission Bélime 1919/20) in das Gebiet des mittleren Nigerlaufes entsandt, und diese stellt nach aufmerksamer Überprüfung einen Bericht auf, dessen Hauptergebnisse darin bestehen, daß die natürliche Aufteilung des Stromlaufes und alle der Bewässerung günstigen Gebietsteile erkundet sind und daß überdies ein glücklicher Zusammenklang der Flutwelle des Niger mit dem Zyklus der Hauptlebensmittel- und Industriepflanzen, die im Sudan angebaut oder anbaubar sind, festgestellt wird.

Während bisher das Zentraldelta mit der Seenzone zusammengeworfen wurde, sind sie von nun ab in klarer Weise geschieden. Der Ausgangspunkt des Deltas ist festgestellt und damit auch der Punkt, von dem aus später die Flutwasser abgezweigt werden können. Viele Fragen bleiben trotzdem natürlich noch zu klären, vor allem die der Grenzen der Ausdehnung der Bewässerungsmöglichkeit gegen Norden.

Im Jahre 1920 nimmt eine private Gesellschaft (Compagnie Générale des Colonies) die Arbeiten auf Rechnung des Generalgouvernements von neuem auf. 1924 setzt die Verwaltung selbst mit Untersuchungen ein, und seitdem hat man mit ihrer Weiterführung nicht aufgehört. Es ist vorauszusehen, daß noch eine ganze Reihe von Jahren vergehen werden, ehe es möglich sein wird, wirklich vollständige Resultate über das ganze Riesengebiet zu erzielen.

Kartographie des Zentraldeltas

Besonders die Kartographie des Landes ist mit großer Schnelligkeit vorangetrieben worden. In den großen Ebenen des nigerischen Sudan, wo dichter Buschwald sich mit hochwüchsigen Grassteppen mengt, ist die gewöhnliche geodätische Methode durch Triangulation so gut wie ausgeschlossen. Die Landesaufnahme brachte infolgedessen die von den Engländern bei gleichartigen Arbeiten im Punjab und im Sind angewandte Methode eines Nivellementsnetzes paralleler Vermessungslinien (carroyage) in Anwendung. Von einer bereits nivellierten Basis aus, die von Sansanding in gerader Linie zum Debosee führt, wurden alle 10 km und zuletzt kilometerweise parallele Vermessungslinien im rechten Winkel und zwar in der Richtung vom linken Ufer des Flusses hinüber zu den höhergelegenen Gebieten, die das Delta im Norden abschließen, vorgestoßen. Die so erhaltene Karte ist offenbar noch kein Idealwerk, aber abgesehen davon, daß sie später ergänzt und berichtigt werden kann, entspricht sie zunächst vollkommen den Bedürfnissen des Ingenieurs. Worauf es unter diesen Umständen ankommt, ist in der Tat zunächst nicht die planimetrische

Genauigkeit, sondern die Richtigkeit des Nivellements. Es ist wenig wichtig, um die Durchflußmengen eines Kanals zu kennen, daß auch seine Länge auf einige Tausendstel genau festgestellt wird. Andererseits muß in einem Lande, wo die Oberflächen nur auf eine Entfernung von 15 oder 20 km im Maßstabe eines Meters Gefälle besitzen, der geringste Irrtum im Nivellement sehr ärgerliche Folgen haben. Das erste Nivellementsnetz mit seinen auf 10 km Entfernung angelegten Parallellinien hatte ein Bild geliefert, das hinreichte, um die Aufstellung eines Vorprojekts zu ermöglichen. Dieses Dokument ist es, auf dem der Generalplan der Nutzbarmachung des Zentraldeltas im Jahre 1929 aufgebaut und vom Kolonialminister im Jahre 1931 gebilligt und nach welchem durch die Gesetze von 1931 und 1934 das Generalgouvernement Französisch-Westafrikas ermächtigt worden ist, Anleihen zur Durchführung der notwendigen großen Arbeiten aufzunehmen. Diese Karte wies gleichzeitig die große Ausdehnung der Alluvialböden auf dem linken Ufer des Niger nach. Sie stellte die Grenzen des lebenden Deltas fest und trennte sie von den Partien, die durch Versandung endgültig von der Überflutung abgesperrt sind. Sie ließ die Hauptzüge erkennen, nach denen hydrographisch einstmals das tote Delta die Flut des Flusses empfing. Sie gestattet infolgedessen auch, darüber zu entscheiden, mit welchen wasserwirtschaftlichen Mitteln man in der Lage wäre, das Gebiet zu beherrschen. Wenn auch die nachfolgenden Arbeiten keine wirklich erheblichen Änderungen gegenüber diesen ersten angenäherten Ergebnissen haben bringen können, so ist doch augenscheinlich, daß sie nicht die Unterlage der endgültigen Projekte bilden konnten, für die ein Nivellementsnetz nach Kilometern und schließlich sogar — für die Teilnetze — auf 200 m notwendig war. Nachdem man auch hiermit im Jahre 1931 begonnen hatte, decken heute die Ergänzungsaufzeichnungen auf Kilometerbasis Dreiviertel derjenigen Flächen, die in ihren Hauptzügen erstmalig bis zum Jahre 1929 aufgenommen waren.

Das kartographische Werk auf 200 m gestattet die Bewässerungskanäle so exakt, wie überhaupt möglich, im Bodenmodell zu verlegen. Sie gestattet außerdem dem Bodenkundler, Hektar auf Hektar die Natur der Böden festzustellen.

Im Juni 1939 erreichte die Länge der durchgeführten Nivellierungslinien im Zentraldelta 30000 km, die sich wie folgt im einzelnen verteilen:

Nivellementsnetz	auf	10 km	3791 km
,,	,,	1 km	19492 ,,
,,	,,	200 m	6084 ,,
			29367 km

Anfangs wurden diese Arbeiten einzig und allein von europäischem Personal durchgeführt. Die Ausbildung der Eingeborenen für die Landesaufnahme galt damals als ein Wahn, da alle Versuche, die Schwarzen nach den Methoden unserer technischen Schulen auszubilden, gescheitert waren. Mit der Geraden wenig vertraut, da sie sie weder in der Natur kennenlernen noch in ihren Bauten anwenden, gelingt es den Schwarzen schwer, sich das Terrain geometrisch vorzustellen. Der Begriff des Niveauunterschiedes ist ihnen nicht geläufig. Wenn sie auch durchaus befähigt sind, mit Gewissenhaftigkeit mechanische Operationen an Maschinen vorzunehmen und Instrumente, die man ihnen zur Verfügung stellt, sachgemäß zu verwenden, so sind sie andererseits — von seltenen Ausnahmen abgesehen — rebellisch gegen jede Art von Berechnungen auf dem Papier und gegen Niederschriften zahlenmäßiger Beobachtungen. Sobald man jedoch ihre Arbeit in der Weise organisiert, daß sie solches nicht nötig haben, ist es möglich, von ihnen große Genauigkeit und gute Arbeitsergebnisse zu erzielen.

Die eingeborenen Hilfskräfte, die bei der Landesaufnahme des Zentraldeltas verwendet werden, erreichen bis auf 20% die Arbeitsgeschwindigkeit der Europäer. Die Arbeit der letzteren kürzt sich dadurch ab und kann ihrem Inhalte nach verändert und auf die schwierigeren Aufgaben konzentriert werden. Da jedem Weißen eine gewisse Anzahl eingeborener Assistenten zugeteilt wird, ist es nicht selten, daß eine derart zusammengesetzte Mannschaft im Laufe einer einzigen Kampagne (Dezember—Juni) über 3000 km aufmißt.

Wenn das Programm eingehalten wird, das man vor 8 Jahren aufgestellt und begonnen hat, so werden schon im Jahre 1941 die kilometerweise ausgeführten Messungen den ganzen Plan von 1929 ausfüllen. Es bleibt dann in Angriff zu nehmen: einesteils die Kartographie des unteren Deltas, vom linken Ufer des Debosees bis Attara und zum Tendasee, andererseits die gesamten Arbeiten auf dem rechten Ufer des Niger zwischen Sansanding, Sam (am Bani) und Mopti.

Klimatologie des Zentraldeltas

Während der Zeit dieser topographischen Studien wurde gleichzeitig das Klima des Nigerdeltas in den Wetterstationen von Banankoro, Sigine, Sokolo und Diafarabe einer fortlaufenden Beobachtung unterworfen. Da Sokolo (14° 40′) etwa auf halbem Wege zwischen dem oberen, noch regenreichen Kalagebiet (13° 50′) und dem bereits der Trockenzone angehörenden nördlichen Mema (15° 30′) liegt, so ist es zur Feststellung eines Mittelklimas des Deltas sehr geeignet. Außerdem befindet sich seine Lage auf gleichem Breitengrad wie Wad Medani, die Wetterstation im englisch-ägyptischen Sudan, die das geographische Zentrum der Provinz Gezira bildet, in der sich zur Zeit ausgedehnte Baumwollkulturen auf der Basis eines gewaltigen Bewässerungssystems entwickeln.

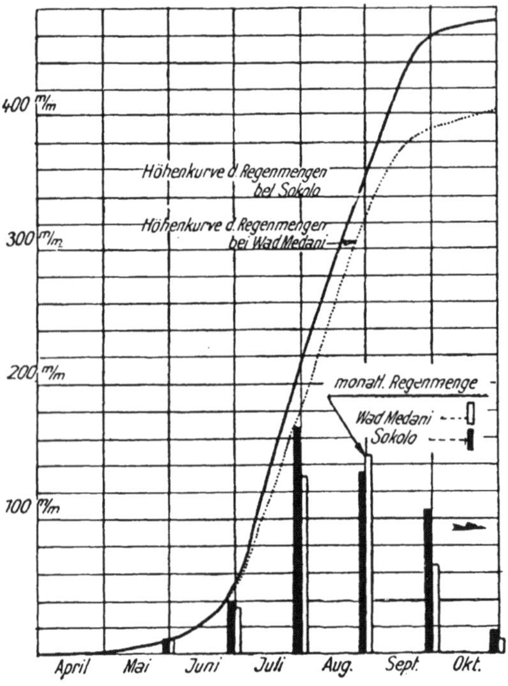

Abb. 8. Regenkurve für Gezira und Nigerisch-Sudan

Die folgende graphische Darstellung vergleicht die Regenmessungen von Wad Medani und Sokolo für eine Zeitspanne von 10 bzw. 8 Jahren. Auf den ersten Blick springt die Gleichartigkeit der beiden Kurven in Bewegung und Größenordnung ins Auge. Immerhin sind die Regenfälle in Sokolo, sowohl am Anfang wie auch am Ende der Regenperiode etwas reichlicher. Die Ähnlichkeit würde, wie man annehmen darf, noch größer sein, wenn man Sokolo nur mit dem südlichen Gezira-gebiet vergleicht (Hag Abdallah, Wad Hadad).

Die Prüfung der Kurve relativer Feuchtigkeit (vergleiche die nachfolgenden graphischen Darstellungen) bestätigt diese Beobachtung: die Kurve von Sokolo läuft der von Wad Medani parallel, hält sich aber ein wenig oberhalb dieser, insbesondere während der Monate September und Oktober, wo die Regengüsse am stärksten sind.

Einen noch größeren Zusammenklang beider Klimate zeigt der Vergleich der Temperaturkurven. Wie man aus der nachfolgenden graphischen Darstellung der mittleren Maximal- und Minimaltemperaturen der beiden Wetterstationen ersieht, fallen die beiden Kurven fast vollständig zusammen.

Insgesamt zeigt also das Klima des Zentraldeltas und das Geziras eine geradezu frappante Ähnlichkeit. Nimmt man hinzu, daß sich dies aus der völlig entsprechenden geographischen Lage beider Gebiete fast zwingend ergibt (beide zwischen dem 13. und 15.⁰ nördlicher Breite gelegen), so kann man nicht umhin anzunehmen, daß die Kulturen, die zwischen dem blauen und dem weißen Nil mit Hilfe

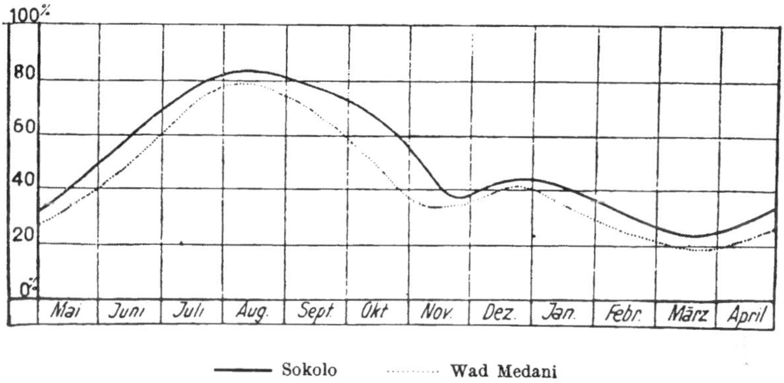

Abb. 9. **Kurven zum Vergleich der relativen Feuchtigkeit für Wad Medani gemessen um 8 Uhr in Sokolo um 7 Uhr des Morgens**

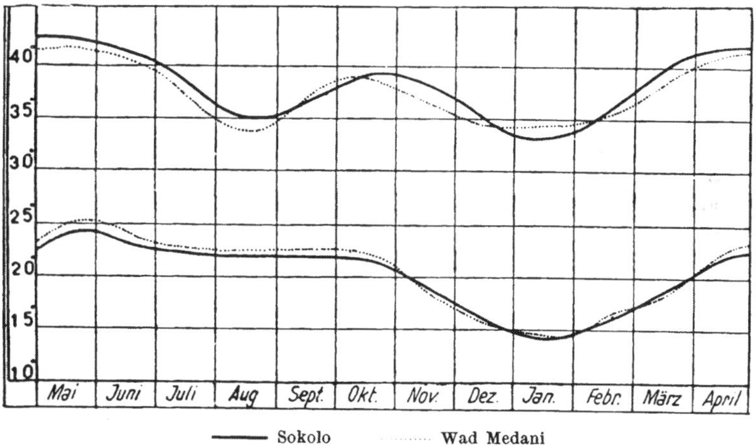

Abb. 10. **Kurven zum Vergleich der Maximal- und Minimaltemperaturen in Wad Medani und Sokolo**

künstlicher Bewässerung gedeihen, ebenso gut in den mittleren und oberen Teilen des nigerischen Deltas gedeihen werden.

Im südlichen Sektor des letzteren (oberes Kala) sind allerdings die Regengüsse und die atmosphärische Feuchtigkeit erheblich stärker. Es ist dies eine Tatsache, die die Agronomen gezwungen sein werden, ernsthaft in acht zu behalten.

Die Wasserverhältnisse des Niger bei Sansanding

Die Gleichartigkeit der beiden Gebiete, die sich bezüglich des Klimas als so hochbedeutsam erweist, setzt sich fort, wenn man die Verhaltungsweisen der Fluten des blauen Nil und des Niger miteinander vergleicht. Die nachfolgenden Kurven der monatlichen mittleren Durchflußmengen beider Flüsse — gemessen einerseits bei Khartum, andererseits bei Markala (nahe Sansanding) — sind fast identisch.

Man stellt dabei allerdings fest, daß das Höchstwasser des Nil um einen Monat dem des Niger voraus ist. Diese Tatsache stellt sich aber

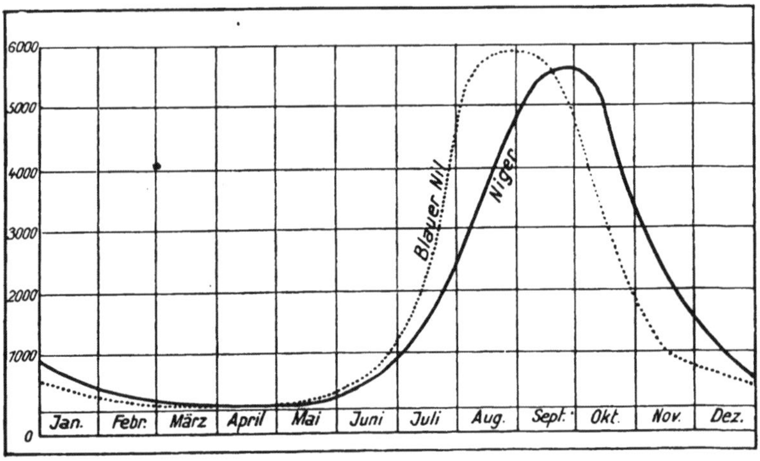

Abb. 11. Vergleichskurven der mittleren monatlichen Durchflußmengen

als ein Vorteil auf seiten des Niger dar, denn es ergibt sich daraus, daß man dadurch die Bewässerung am Ende der Periode um einen gleichen Zeitraum hinausziehen kann.

Im Laufe der letzten 10 Jahre ist das Studium der Wasserverhältnisse des Niger beim Eintritt in sein inneres Delta stark gefördert worden. Auf Grund immer wiederholter Messungen ist es möglich gewesen, eine Formel aufzustellen, nach der man seine jeweilige Durchflußmenge berechnen kann.

In den Kurvenbildern (Abb. 11 u. 12) sind die Beobachtungen von Diamarabugu in Form graphischer Darstellung wiedergegeben.

Sie enthalten die Höhenkurve der Flutwelle des Jahres 1925, desjenigen, in dem sich seit der französischen Besitzergreifung die höchste Flut ergeben hat, daneben die Mittelkurve des Hochwassers auf Grund der Beobachtung der letzten 14 Jahre an diesem Punkte und schließlich die Kurve des Hochwassers von 1913, des niedrigsten, das seit Menschengedenken beobachtet worden ist, wobei im letzteren Falle die Werte durch Interpolation aus den Pegelaufzeichnungen der Station von Kulikoro abgeleitet worden sind. Die oben erwähnte Formel auf diese Messungen angewandt ergibt folgendes Bild: Gelegentlich des schwächsten Durchflusses des Niger ins Delta, beobachtet im April 1913, berechnet sich das Durchflußvolumen je Sekunde auf nur 30 cbm. Die Höchstdurchflußmenge, am gleichen Punkt gemessen, zeigte sich im Oktober 1925. Sie erreichte nicht weniger als 7800 cbm. Um die Schwankungen von Jahr zu Jahr zu kenn-

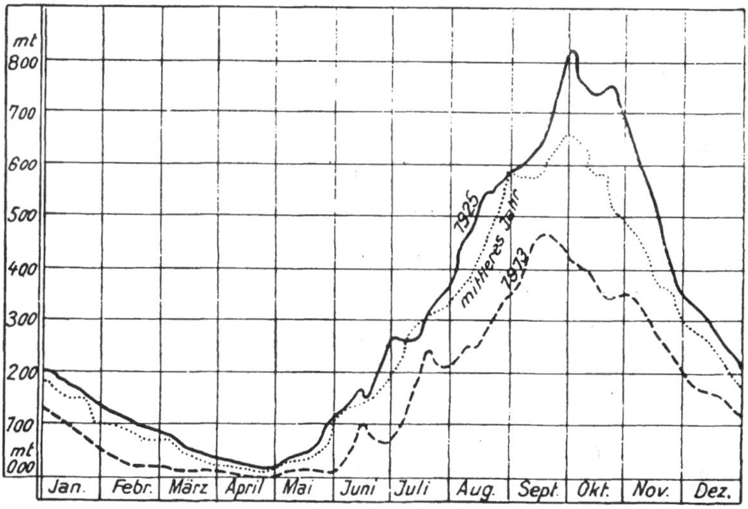

Abb. 12. Wasserhöhe des Niger am Einfluß ins Zentraldelta

zeichnen, sind in der folgenden Tabelle die Durchflußmengen für den Zeitraum von 1926—1935, und zwar gemessen am 20. Juni, 20. Juli, 20. November und 20. Januar, zusammengestellt:

Durchflußmengen des Niger bei Diaburu

Jahr	am 20. Juni cbm	am 20. Juli cbm	am 20. November cbm	am 20. Januar des folgenden Jahres cbm
1926	530	2200	1770	390
1927	230	1680	4200	540
1928	345	1020	2900	560
1929	720	2200	2100	515
1930	1180	1800	2100	580
1931	480	1500	1530	390
1932	450	1600	1960	480
1933	335	2100	1330	435
1934	150	900	1760	370
1935	80	1200	1200	300

Vom 20. Juli bis zum 20. November, die Zeit, in der gewöhnlich die Reisfelder bewässert werden, sind die Wassermengen des Niger im Laufe dieser 10 Jahre niemals unter 900 cbm je Sekunde gefallen. Am 20. Januar, d. h. zur Zeit, da die Baumwollfelder die letzte Bewässerung bekommen, hatte man 10mal während 10 Jahren mindestens 300 cbm je Sekunde, 6mal von 10 mindestens 400 und 4mal von 10 mindestens 500 cbm. Die Flut des Niger paßt sich also in ausgezeichneter Weise dem Zyklus der Kulturen dieser beiden Pflanzen an. Frage: sind die beiden Pflanzen auch sonst geeignet, im Delta angebaut zu werden? Sagen ihnen Klima und Boden zu? Außerdem: welche Varietäten hat man zu wählen? Um diese Fragen zu klären, hat man seit 15 Jahren nicht aufgehört, am mittleren Niger entsprechende agronomische Versuche ins Werk zu setzen.

Die Probleme des Niger

Der Faktor Entfernung

Vor Darlegung der Ergebnisse dieser Untersuchungen noch einige andere Gesichtspunkte: Die Frage, ob das nigerische Delta für eine so intensive Art der Bodennutzung, wie die der künstlichen Bewässerung, ein ideales Aktionsfeld bietet, hängt praktisch vor allem davon ab, ob die erzielbaren Ernten auch zu lohnenden Preisen an den Markt gebracht werden können. Es würde zu nichts führen, wenn man in dieser Gegend Baumwolle in Hülle und Fülle produzieren könnte, die Schwierigkeiten der Lieferung aber und die Kosten des Transportes so groß wären, daß sie absolut hinderten, dieses Textil zu den üblichen Bedingungen auch am Weltmarkte abzusetzen. Sowohl nach seiner geographischen Lage wie auch seinem Klima ähnelt das nigerische Delta, wie man gesehen hat, jener schönen Baumwollgegend im britischen Sudan, die man Gezira nennt. Da es dort den Engländern in weniger als 15 Jahren gelungen ist, jährlich mehrere Zehntausende von Tonnen Baumwolle herauszuziehen, ist kein Grund einzusehen, warum man nicht das Gleiche auch im Zentraldelta erreichen sollte. Selbst in der Entfernungsfrage liegt kein Grund zum Zweifel vor. Auf dem Eisenbahnwege ist Gezira ungefähr gleich weit von Port-Sudan am Roten Meere entlegen, wie Kulikoro von Dakar. Der zusätzliche Preis, den die nigerische Baumwolle zu zahlen hat, um überhaupt erst die Kopfstation der Linie Ozean—Niger zu erreichen, wird andererseits ausgeglichen durch die Gebühr, die bei Durchschiffung des Suezkanals zu zahlen ist. Die Transportkosten bis zum Meere sind infolgedessen für beide Gebiete etwa gleich. Was bedeuten diese Frachtkosten zahlenmäßig, wenn man sie mit den Kursen der nigerischen Baumwolle in Le Havre vergleicht? Nach den Abrechnungen, die auf Grund der ersten Versendungen nach Europa gemacht wurden, sind es weniger als 25% der Kaufpreise. Im Juli 1939 wurde das nigerische Produkt zum Normalpreise guter amerikanischer Baumwolle, d. h. mit 8500—8900 Franken die Tonne bezahlt, wogegen die Kosten, die Auskernung nicht einbegriffen, den Betrag von 2100 Franken ausmachten.

Gemessen an den Transportkosten anderer bedeutsamer Produkte Französisch-Westafrikas weist die sudanische Baumwolle nach einer Erhebung, die im vorigen Jahre gemacht worden ist, ein sehr gutes Ergebnis auf, wie sich aus nachfolgender Tabelle ergibt:

	Mittlerer Verkaufspreis im Jahre 1939 Fr.	Vorbereitungs- und Transportkosten nach Europa Fr.	Unkosten in %
Senegalerdnüsse in Schalen .	1800	650	36
Bananen der Elfenbeinküste	2700	2350	87
Hölzer der Elfenbeinküste ..	900	410	45
Kakao der Elfenbeinküste ..	3560	1320	37
Palmöl der Elfenbeinküste ..	2500	1150	46
Palmkerne der Elfenbeinküste	1650	750	45
Baumwolle des Sudan	8800	2600 (Entkörnungskosten mit einbegriffen)	30

Es ergibt sich aus dieser Tabelle, daß die Kostenbelastung der Nigerbaumwolle beim Export nach Europa in einem günstigeren Verhältnis zum Preise steht, als dies bei den andern Hauptprodukten Westafrikas der Fall ist. Der Schluß, der aus dieser Tatsache zu ziehen ist, entspricht also voll und ganz den eben gemachten Ausführungen über die Konkurrenzfähigkeit gegenüber dem anglo-ägyptischen Sudan, daß sich nämlich aus dem Faktor Entfernung kein Hindernis dafür ergibt, die Baumwolle mit gutem Gewinn im Nigerdelta anzubauen.

Die Baumwolle in der französischen Wirtschaft

Genau wie im Geziragebiet stellt sich auch im nigerischen Delta die Baumwolle an den ersten Platz derjenigen industriellen Rohstoffe, die geeignet sind, in weitem Umfange mit Hilfe künstlicher Bewässerung erzeugt zu werden. Dabei ist der Markt in Frankreich für dieses Produkt weithin offen. Auf 300 und einige Tausend Tonnen Baumwolle, die die französischen Spinnereien und Webereien jährlich verarbeiten, kommen weniger als 10000 t, die aus den eigenen überseeischen Gebieten stammen. Der Rest, will also heißen fast die Gesamtheit, kommt aus dem Ausland. Die Hauptlieferanten sind nach der Reihenfolge ihrer Wichtigkeit:

Vereinigte Staaten	144000 t	im Jahre 1938
Britisch Indien	38000 t	,, ,, ,,
Ägypten	43000 t	,, ,, ,,
Brasilien	28000 t	,, ,, ,,
Andere Länder	14000 t	,, ,, ,,

Wie es der nachstehende Auszug aus den Veröffentlichungen über die Zolleinnahmen des Jahres 1937 ausweist, ist der Gesamthandel mit jedem der vorgenannten Länder für Frankreich erheblich im Defizit:

	Französische Einfuhr Fr.	Französische Ausfuhr Fr.	Defizit Fr.
Vereinigte Staaten	3999714000	1535449000	2464265000
Britisch Indien	1162426000	118950000	1043476000
Ägypten	540841000	182305000	358536000
Brasilien	604077000	188523000	415554000
Summen:	6307058000	2025227000	4281831000

In dieser Unterbilanz von mehr als 4000000000 Franken fallen auf die Baumwolle allein $2^1/_2$ Milliarden. Diesen Rohstoff in großen Mengen zu produzieren, ist also nicht allein Französisch-Westafrika, sondern auch — und keinesfalls weniger — dem Mutterlande, Frankreich selbst, von Nutzen[1]).

Die Lebensmittelversorgung des Sudan

Immerhin, bevor man verkauft, muß man leben, und das ist es, was die sudanische Bevölkerung, deren Ernten heute so erschreckend abhängig von den Launen der klimatischen Verhältnisse sind, bisher niemals sicherzustellen vermochten. Man kann behaupten, daß diese Bevölkerung sogar häufig unterernährt ist. Wenn auch in guten Jahren die Lebensmittelproduktion das Maß des physiologisch Notwendigen überschreitet, so erreicht es dieses Maß andererseits nicht, wenn Trockenheit das Jahresklima beherrscht. Einer der Gründe oder besser gesagt der Hauptgrund des Stockens der westafrikanischen Bevölkerungsbewegung beruht in der Häufigkeit mangelhafter Ernährung. Die qualitative wie quantitative Verbesserung dieser stellt

[1]) Eine ganz ähnliche Rechnung ließe sich für Deutschland aufstellen, dessen Einfuhrbedarf sich im gleichen Jahre 1937 auf rund 362000 t, also noch um mehr als 20% höher als für Frankreich, stellte.

also eine Notwendigkeit für die Bevölkerung und eine Pflicht für die öffentliche Verwaltung dar.

Zu solchem Ziele kann gerade die Produktion des nigerischen Deltas gewaltig beitragen. Die Reispflanze, die in diesem Gebiet sozusagen eingeboren ist, ist berufen, in der neuen landwirtschaftlichen Nutzung, wie sie sich im bewässerten Delta einstellen wird, einen beträchtlichen Platz einzunehmen.

Reis oder Hirse

Es gibt Freunde der Hirse, die aufrichtig bedauern, daß diese seit undenklichen Zeiten angebaute Frucht in steigendem Maße vom Reis verdrängt wird. Es sei weder vorteilhaft, so behaupten sie, noch empfehlenswert, diese Entwicklung zu begünstigen. Es ist aber kein Zweifel, daß sie sich von selbst durchsetzt, ja daß sie sich beschleunigt durchsetzt und nicht allein in Französisch-Westafrika, sondern in allen Ländern der Tropen. Noch im vorigen Jahrhundert gab es in Indien zahlreiche Völkerschaften, welche Hirse und Sorghum zur Hauptgrundlage ihrer Ernährung gemacht hatten. Von Jahr zu Jahr mehr — und zwar in dem Maße, wie durch die Ausdehnung der künstlichen Bewässerung die Reisproduktion stieg — wurden die Hirsefelder aufgegeben und im Verzehr Hirse durch Reis ersetzt. So ist es gekommen, daß heute in den Reisanbaugebieten Indiens und deren Umgegenden nur noch die armen Bevölkerungsklassen dem Hirseverzehr treu geblieben sind; und nur, weil sie den Reis nicht bezahlen können.

Am Senegal sehen wir, daß eine ähnliche Entwicklung sich geltend macht. Gleichgültig ob die Jahre gut oder schlecht sind, führt diese Kolonie alljährlich große Mengen von Reis ein. Allein Indochina pflegte 50—60000 t zu liefern. Heute überschreitet die indochinesische Lieferung bereits 100000 t Reis, und hat weiter nachhaltig die Tendenz zu wachsen.

Beobachtungen ähnlicher Art sind in letzter Zeit auch im Sudan gemacht worden. Die Kolonisten von Nienebale, die übrigens noch große Flächen von Hirseäckern haben, ziehen es vor, lieber ihren eigenproduzierten Reis selbst zu verzehren, als ihn zu verkaufen, und verschaffen sich das notwendige Geld lieber durch Darlehen, die sie auf ihre Erdnußernte hin erhalten. Die Folge davon ist, daß auch auf den höheren Äckern — wo der Reis nicht gedeiht — diese Ölfrucht mehr und mehr die Hirse verdrängt. Ähnliche Feststellungen sind in den neuen Bewässerungsgebieten von Bagineda und Kokry zu machen.

Aus diesem Gesamtbilde hat Dr. Martial in einer Studie über die Ernährung der Eingeborenen in Französisch-Westafrika folgende Schlußfolgerung gezogen: „Die unvergleichlichen Vorzüge der küchenmäßigen Verwendung des Reises im Verein mit seinem hohen Nährwert führen von Tag zu Tag mehr zur Entthronung der Hirse, die bis dahin die Vorherrschaft in Französisch-Westafrika besaß. Der Reisverbrauch dehnt sich siegreich aus, selbst der der indochinesischen Importe, sobald die Kaufkraft der Bevölkerung dies zuläßt.“

Wenn man die Summe von alledem zieht, muß man nach den Regeln gesunden Menschenverstandes annehmen, daß in der Lebensmittelerzeugung der Reis sich in dem Maße, wie die Wohlhabenheit des Landes wächst, in den Vordergrund der Lebensmittelproduktion schieben wird und daß unter den industriellen Rohstoffen es die Baumwolle sein wird, die bei angemessenem Entgelt ihres Produzenten und sehr gutem Absatzmarkt in der Metropole die andere Hauptfrucht der nigerischen Landwirtschaft werden wird. Auf diese beiden Hauptprodukte haben infolgedessen seit langem schon die Agronomen ihre Anstrengungen eingestellt.

Studien zur Reiskultur

Die sofort in Angriff genommenen Studien über den Reis sind auf solider, wenn auch bislang noch örtlich beschränkter Grundlage aufgebaut. Man findet tatsächlich sowohl im Sudan, wie in Guinea und an der Elfenbeinküste eine sozusagen unbeschränkte Anzahl von Reisvarietäten verschiedenartiger Güte, die den primitiven Verhältnissen der einheimischen Kulturen ausgezeichnet angepaßt sind. Man hat eine wenn auch noch keineswegs vollständige Bestandsaufnahme dieser Reisarten vorgenommen. Es möge, ohne auf Einzelheiten näher einzugehen, hier die Feststellung genügen, daß es im Lande jedenfalls Reisarten gibt, frühreife wie spätreife, die allen Bedingungen der Bewässerungskultur gerecht werden.

Zu ihrem Studium richtete man im Jahre 1923 in Diafarabe und im Jahre 1929 in Kayo im oberen Macina Versuchsstationen ein. Nachdem man zunächst die Akklimatisation einiger ausländischer Varietäten (Vorkommen aus Italien, Ägypten und Japan) mit sehr unsicherem und jedenfalls enttäuschendem Ergebnis versucht hatte, machten sich die Agronomen an das Studium der einheimischen Reissorten heran, von denen besonders die von Sikasso durch einen Versuch im Jahre 1926 gute Hoffnungen auf Erfolg gegeben hatte. Aber die zu wiederholten Malen und für zahlreiche Pflanzen festgestellte Gleichartigkeit der Bedingungen im Sudan und im Inneren Indiens sprach auch für eine Nachprüfung der Sorten indischen Herkommens und auch die Reissorten anderer Länder wurden schließlich mit in Betracht gezogen, und zwar mehrfach mit Ergebnissen, die ihre Weiterbearbeitung interessant erscheinen ließen. Zur Zeit stehen folgende einheimische und ausländische Sorten zur Diskussion, von denen die Mehrzahl bereits als den Anforderungen des Deltas gut angepaßt bei den Ackerbauern verbreitet sind:

Frühreife Reissorten

Sornavary; ein aus dem Koromandel seit etwa 12 Jahren eingeführter Reis, der sich gut akklimatisiert hat. Vegetationsdauer 90—100 Tage; hat die Eigentümlichkeit, leicht zur Unzeit Blüten zu treiben. Seine Saatzeit dauert von Juni bis Ende September, die Zeit, wo im Macinagebiet die Monsunwinde herrschen. Die Pflanze ist wenig wasserbedürftig, aber sie zeigt Neigung zu Lagerschaden und ihre Körner zu frühzeitigem Ausfall. Überdies treibt sie wenig Schößlinge und ist infolgedessen nur von mittlerer Ergiebigkeit (1800 bis 2000 kg je Hektar bei gutem Stand der Kulturen). Das Korn ist weiß und gedrungen und ähnelt dem des Piemonteserreises.

Der Sornavary ist ein typischer Lückenbüßer; man kann ihn bis in den September hinein noch leicht an die Stelle eines spätreifen Reises, der durch Heuschreckenplage verwüstet ist, setzen. Man sät ihn mit Vorteil auf leichtem Boden, selbst wenn dieser ungenügend bewässert wird. Seit seiner Einführung hat sich übrigens die Qualität des Sornavary erheblich verbessert. Er wird allerdings von den eingeborenen Konsumenten nur mittelmäßig geschätzt.

Kassaba Koroni: ein einheimischer Reis, der etwas weniger frühreif ist (Vegetationsdauer 100—110 Tage) und der aus dem oberen Nigergebiet, nahe der Grenze Guineas, stammt. Unzeitgemäßes Blühen kommt vor. Die Zahl seiner Schößlinge ist mittelmäßig; er streut aber nicht bei der Reife und ist lagerfest. Diese Vorteile begünstigen seine Anwendung an Stelle von Sornavary, sobald man über guten Boden und hinreichende Bewässerung verfügt. Sein Korn, das weiß, aber größer und dicker als das des Sornavary ist, ähnelt dem oberen Piemonteserreis und würde — nach Meinung der Sachverständigen in Marseille — in Frankreich genau wie dieser letztere Reis guten Absatz finden.

Mittelfrühe Reissorten

Dissi: der Dissi scheint eine schon vor langer Zeit eingeführte Reissorte zu sein. Er ähnelt stark dem Patmareis. Das ist ein Reis von 120—130 Tagen Vegetationsperiode, der bei guter Pflege 3 t „paddy"[1]) je Hektar liefert; seine Einerntung ist leicht, aber er erfordert guten Boden und reichliche Bewässerung. Sein Korn hat eine Länge von 7—8 mm und die Form eines Stöckchens. Sein Weiß hat einen blauen Schimmer und erscheint durchsichtig. Der Dissi blüht selten zur Unzeit; man muß ihn jedoch im August spätestens gesät haben.

Gambiaka: aus Gambien stammend und am oberen Niger weitverbreitet, ist der Gambiaka ein Reis mit einer Vegetationsdauer von 130—140 Tagen. Er bildet in starkem Maße Schößlinge und gibt gute Ernten. Das Korn ist robuster und ähnelt dem des Dissi; es ist jedoch häufig gekrümmt, und man mußte lange Ausleseversuche machen, ehe es gelang, grade Körner zu erhalten, die für die fabrikmäßige Bearbeitung geeignet sind.

Spätreife Reissorten

Sikasso: die Vegetationsdauer des Sikasso beträgt 150 Tage. Dieser Reis ist sehr ergiebig (bis zu 4 t und mehr bei guter Kultur), widerstandsfähig und nicht streuend; Reifezeit: Dezember. Eher klein und von eiförmiger Gestalt, ist das Korn weiß und gibt bei der Entschälung wenig Bruch. Das Verhältnis guter Körner ist sehr hoch (74%). Er ist bei den einheimischen Konsumenten wie auch bei den Reisbauern sehr beliebt. Der einzige Fehler besteht in seiner langen Vegetationsdauer. Früh gesät und spät geerntet, ist er besonders stark dem Fraß der Heuschrecken ausgesetzt. Trotzdem ist es gerade diese Sorte, der die Landwirte vielfach den Vorzug geben. Der Dissi, der ihn zeitweise zu verdrängen schien, verliert ihm gegenüber jetzt an Terrain.

Kassun: eine Varietät des Sikasso mit einer Reifezeit von 160 Tagen. Er hat ein noch kräftigeres und gegenüber der Schälung noch widerstandsfähigeres Korn; er liefert daher den höchsten Prozentsatz ganzer Körner. Er ist vielleicht bestimmt, den Sikasso zu verdrängen, sobald das Delta vom Juli bis Dezember regelmäßig bewässert werden kann.

Luxusreis

Obgleich die nigerische Reiskultur normalerweise das Binnenland zu versorgen hat und bei der Befriedigung der einheimischen Kundschaft mehr der Geschmack als das Aussehen zu berücksichtigen ist, hindert dies nicht, die Frage zu prüfen, ob die Erzeugung von Luxus-

[1]) paddy = gedroschener, nicht enthülster Reis.

reis, wie ihn Frankreich und das Ausland kauft, nicht nebenbei als Ziel der Produktion gleichfalls ins Auge gefaßt werden kann.

In der Tat gedeihen im Delta Reissorten bester Qualität. Man kann als Beispiel dafür den madagassischen Vari-Lava anführen, der im vorigen Jahrhundert in Guinea eingeführt wurde und trotz dieser schon recht langen Zeitdauer seine ursprünglichen Eigenschaften am oberen Niger gut bewahrt hat. 5 Sorten dieser Varietät werden augenblicklich auf der Station von Kayo einer Prüfung unterworfen. Gleichfalls studiert man dort einen javanischen Reis (Riesenreis von Java), der mit den besten überhaupt bekannten Varietäten wetteifert, ebenso Sonderauslesen des Dissi und des Gambiaka, die geeignet erscheinen den bengalischen Reis voll zu ersetzen.

Wie dem aber immer sei, man muß sich darüber klar sein und man muß es sogar betonen, daß diese Spezialitäten nichts als eine nützliche Ergänzung des Normalreises darstellen können, die für die nigerische Reiskultur keineswegs unerläßlich ist, bevor die Produktion nicht ein viel größeres Ausmaß angenommen haben wird, als sie heute hat.

Außer der Kenntnis dieser dem Klima, dem Boden und dem Bewässerungsverfahren bestangepaßten Varietäten ist vor allem die Kenntnis der besten Kulturmethode für die Pflanze selbst und die Beherrschung der Mittel, die Fruchtbarkeit der Reisfelder aufrecht zu erhalten, vonnöten. Zu diesem Zwecke sind seit Anbeginn des Bestehens der Versuchsstation von Kayo dementsprechende Versuche angestellt worden. Sie haben schon jetzt dazu geführt, ein ausgezeichnetes Schema der Pflegemaßnahmen der Reiskulturen in Anpassung an ihre örtlichen Vorbedingungen aufzustellen.

In einem wichtigen Punkte wird sich die nigerische Reiskultur von ihren asiatischen Vorbildern unterscheiden. In Indien sowohl wie in Indochina und auch auf Java, wo die Menschen dichtgesät wohnen, wird überall eine Umpflanzung des Reises vorgenommen, und zwar mit Recht, da ein nur gesäter Reis, gleichgültig ob mit der Hand oder in Drillkultur, weniger ergiebig ist als ein solcher, der in einem gewissen Wachstumsstadium umgepflanzt wird. Aber in einem Lande, wie dem Zentraldelta, wo die Bevölkerung dünngesät ist und wo daher in großem Umfange sogar eine Zuwanderung ins Auge gefaßt werden muß, kann diese Art der Kultur kaum allgemein angewandt werden. Die Beschränkung auf die Methode direkter Einsaat ist gerade deswegen vorzuziehen, weil sie einfach in der Anwendung, sparsam in bezug auf die Arbeitskräfte und trotzdem ganz leidlich in bezug auf die Ergiebigkeit der Ernten ist. Man bricht unmittelbar nach der

Ernte die Stoppel um und läßt den Boden während der ganzen Trockenzeit der Lufttätigkeit ausgesetzt. Die Neusaat kann dann entweder nur unter Ausnutzung der Regenwässer oder, von Juli ab, auch mit Hilfe der Bewässerung vorgenommen und weitergetrieben werden. Wenn dann die ersten Nachtfröste auftreten, sind selbst die spätreifendsten Sorten reif. Die Ernte erfolgt im Dezember, ausgenommen natürlich für diejenigen frühreifen Varietäten, die bereits vom Oktober an ihrer Reife entgegengehen.

Die notwendigen Geräte für die Eingeborenenkulturen sind ein simpler Pflug und eine Egge. Zum Transport des „paddy" benutzt man hie und da eine einfache Schleppe; die Verwendung von kleinen Wagen ist jedoch schon heute in der Ausbreitung begriffen und wird mit fortschreitender Wohlhabenheit der Landwirte sicherlich immer mehr eingeführt werden.

Die Düngerfrage ist sowohl in Diafarabe wie später auch in Kayo Gegenstand dauernder Versuche gewesen, deren Ergebnisse völlig übereinstimmend waren. Genau wie im äußersten Orient und besonders in Indien hat sich für den Reisbauern die Gründüngung als die fruchtbarste und praktischste Art der Düngerzufuhr erwiesen. Die Pflanzen, die hierfür brauchbar sind, sind die Crotolaria (juncea und striata) und das „read gram". Die erstere wird unmittelbar vor, das letztere unmittelbar nach der Hauptfrucht gebaut. Über die endgültige Entscheidung in der Wahl dieser beiden Düngerarten läßt sich Abschließendes noch nicht sagen. Die örtlichen Vorbedingungen begünstigen vielleicht in Zukunft diejenigen Gründünger, die im Juni gesät werden können, um dann zwei Monate später untergepflügt und von einer Pflanzkultur des Reises gefolgt zu werden.

Die Gründüngung, die dem Boden keine mineralische Substanz hinzufügt, die sie ihm nicht vorher genommen hätte, wird ergänzt durch eine Phosphatdüngung, die sich überall als sehr wirksam erweist. Dagegen haben weder Pottasche- noch Stickstoffdünger eine ausgesprochene Wirkung auf den Körnerertrag. Reiner Kalkdünger kann sogar — von gewissen kalkarmen Böden abgesehen — eher schädliche Wirkungen haben. Phosphorsaurer Kalk dagegen, selbst in der wenigst assimilierbaren Form der natürlichen Phosphate, ergibt auf die Dauer immer eine bemerkenswerte Steigerung der Ernten. Eine Gabe von 300 kg natürlichen Phosphats, alle drei Jahre den Reisfeldern zugeführt, scheint in den meisten Fällen zu genügen. Um die seit 1923 erzielten Ergebnisse von Diafarabe und Kayo zusammenzufassen, kann man ohne Übertreibung sagen, daß die Grundsätze der Reiskultur für den Familienbetrieb der Eingeborenen vollständig und klar festgestellt sind: die anbauwürdigen Varietäten sind bekannt und heute bereits in Reinsaaten an die Ackerbauer verteilt; die Art der Bestellungsmethoden sind festgestellt, und auch die Gründüngungsfrage wird vollkommen gelöst sein, wenn erst die Bewässerung der Äcker vom Juni oder doch spätestens vom 15. Juli ab sichergestellt sein wird.

Übrigens wird in Nienebale, Sotuba und Kokry (im oberen Delta) die Bewässerung bereits auf zusammen mehr als 8000 ha Reisanbaufläche mit Erfolg angewandt, wenn dabei auch zugegeben werden muß, daß hie und da die Anwendung noch unter den ungenügenden Vorbedingungen leidet.

Die Reiskulturstation des Niger hat auf diese Weise den ersten Teil des ihr vorgeschriebenen Programmes erfüllt. Ihre Aufgabe ist es jetzt, in die Einzelheiten einzutreten und in gewissen Punkten die noch zu allgemein gezogenen Schlüsse der ersten Arbeiten zu verfeinern. Ein Hauptergebnis der gemachten Erfahrungen ist jedenfalls das, daß die volle Geeignetheit der Provinzen des lebenden Deltas für die Reiskultur außer Frage gestellt ist.

Es gibt aber heute auch keinen Zweifel mehr, daß die Böden dieser Gebiete sich der Kultur der Baumwolle gleichfalls nicht widersetzen. Was dieser noch hinderlich ist und ihr die Möglichkeit schneller und weitgreifender Ausdehnung nimmt, ist einzig und allein die Notwendigkeit, die Böden gründlich drainieren zu müssen. Baumwolle und Reis sind schwierige Nachbarn. Die reichliche Bewässerung, die der Reis verlangt, hat die Wirkung, daß das Grundwasser stark steigt und damit die für die Baumwolle notwendige zwar gut durchfeuchtete, aber gleichzeitig auch gut durchlüftete obere Bodenschicht stark vermindert wird. So lange man beide Pflanzen nur in geringem Umfange anbaut, kann man zur Not die Baumwolle Seite an Seite mit dem Reis kultivieren. So ist es zur Zeit im oberen Macinagebiet, übrigens nicht ohne gewisse Rückschläge. Wenn aber die Oberfläche des Reises sich stark ausdehnt, ist die Drainage eine absolute Notwendigkeit und zwar eine künstliche Entwässerung, die nicht nur die Oberfläche des Ackers erfaßt, sondern bis in eine gewisse Tiefe hinab wirksam wird, von jener Art, wie sie beispielsweise die Engländer in Ägypten angewandt haben, um die schädlichen Folgen der ganzjährigen Bewässerung zu beseitigen, die sich nach der Indienststellung des Staubeckens von Assuan für die Grundwasserverhältnisse eingestellt hatten. Das sind kostspielige Arbeiten, die man vielleicht eines Tages in Angriff nehmen wird, die aber im Augenblick keinesfalls Zwang sind, da das tote Delta für die Baumwollproduktion in hinreichendem Umfange gut geeignete Felder zur Verfügung stellt.

In allen Provinzen dieses Teiles des nigerischen Deltas befindet sich das Niveau der unterirdischen Brunnen in großer Tiefe: 30 m im oberen Kala, 40—50 m in Kurumari, 70 m und mehr im Memagebiet. Man sieht daraus, daß die Gefahr, zu schweren Grundwasserstörungen zu gelangen, nicht besonders naheliegt.

Andererseits ist zu beachten, daß die Böden, die seit Jahrhunderten der periodischen oder dauernden Überflutung entzogen waren, ihre Azidität verloren haben. Sie weisen aber guten Gehalt an Humus, Kalk und Pottasche auf und können leicht durch Phosphate, die man im nigerischen Sudan selbst zu gewinnen vermag, wieder angereichert werden.

Der Gedanke, die Reiskultur von der der Baumwolle gebietsmäßig zu trennen und die Erzeugung dieses Textils allein auf das tote Delta zu verweisen, dieser Gedanke, der übrigens schon vor 10 Jahren aufgetaucht ist, hat sich im Lichte der ergänzenden Beobachtungen im Lande selbst und der agronomischen Versuche auf der Baumwollstation des Deltas und seiner Randgebiete voll und ganz als richtig erwiesen. Bevor man jedoch in die Prüfung der Arbeiten, die darauf Bezug haben, eintritt, ist es nützlich zu wissen, von welchem Punkte sie ausgegangen sind.

Die nigerische Baumwolle

Geschichtliches

Nach einem ersten mißglückten Ausfuhrversuch mit einheimischer Baumwolle im Jahre 1900 wurden von der Regierung des Sudan Anbauversuche mit amerikanischer und ägyptischer Baumwolle in verschiedenen Orten des Nigertals unternommen, deren Ergebnisse jedoch nicht befriedigten. Nachdem man diese Versuche drei Jahre später unter Führung der kolonialen Baumwollgesellschaft (Association Cotonière Coloniale, gegründet 1903) wieder aufgenommen hatte, wurden sie nach fünf Jahren mageren Erfolges wieder aufgegeben. Die angebauten Baumwollsorten waren „Deltatypen" wie Excelsior, King, Louisiane, Mississipi, Georgie usw. Sie stammten durchweg aus den feuchten Gegenden des Südostens der Vereinigten Staaten und schienen damit von vornherein eine Akklimatisierung leichter zu ermöglichen, als die Baumwollsorten von Oklahoma oder Texas.

Systematische Anbauversuche auf Bewässerungsflächen sind erst nach dem großen Kriege in Angriff genommen worden. In der Tat ist es das Jahr 1920, das den Trägern der öffentlichen Gewalt das

Baumwollproblem im Sudan von neuem nahebringt. Die Studienkommission, die 1919/20 die Bewässerungsfragen des Niger zu prüfen hat, macht auch die Baumwollfrage aktuell, und die Regierung Französisch-Westafrikas schließt mit einer Privatgesellschaft, der „Compagnie Générale des Colonies" einen Vertrag ab, durch welchen sie dieser neben anderem die technische und agronomische Prüfung der am mittleren Niger gegebenen Ausnutzungsmöglichkeiten seiner Wässer auferlegt. Die Gesellschaft zieht nunmehr einen amerikanischen Spezialisten, Dr. H. Forbes, zu Rate, der für diese Aufgabe durch eine langjährige Praxis im Arizonagebiet und in Ägypten wohl vorbereitet ist. 1922 kommt er im Sudan an und macht sich sofort an die Arbeit. Als im Jahre 1924 sein Vertrag mit der Gesellschaft abläuft, wird er von der Regierung selbst in Dienst gestellt und setzt so seine Untersuchungen fort.

Die Zeit dieser Untersuchungen kann in drei Perioden eingeteilt werden. Die erste war die des Umhertastens, sie dauerte bis 1928. Anfangs — und das ist die Rechtfertigung für die lange Verzögerung, die auf den ersten Blick leicht als zu lang erscheinen könnte — war die Kenntnis der Gegebenheiten für den Anbau der Baumwolle so gut wie nicht vorhanden. Die Versuche aus der Vorkriegszeit hatten keine erfaßbaren Spuren hinterlassen. Die Gelehrten, die durchs Land zogen, hatten sich an diesen Studien desinteressiert. In ihren Veröffentlichungen findet man nichts, was auch nur einigermaßen über diese Frage unterrichten könnte; nichts über die Abgrenzung der klimatischen Zonen, die dieser oder jener Baumwollsorte günstig sind, nichts über die Saatzeit, die Wahl der Varietäten, die Feststellung der geeigneten Baumwollböden, die Natur der für diese Kulturen passenden Düngung. Nur am Issa-Ber wußte man seit 1917 einigermaßen über die Möglichkeit des Anbaues ägyptischer Baumwolle Bescheid. Sonst aber wußte man nichts und das wenige, das hie und da auftauchte, stützte sich auf keinerlei sichere Beobachtung, entstammte vielmehr eher der Einbildungskraft als dem Wissen.

Unter derartig schwierigen Verhältnissen begann Forbes seine Arbeiten. Von Anbeginn schaltete er die einheimische Baumwollpflanze (G. Punktatum) aus seinen Versuchsarbeiten aus, weil er sie gegenüber jeglicher Verbesserungsmöglichkeit für zu spröde hielt. Diese Varietät ist zwar gegenüber den Unbilden der Witterung und dem Ungeziefer sehr widerstandsfähig, hat aber sonst schwere Fehler: Die geringe Länge ihres Stapels (20—24 mm), ihre geringe Ergiebigkeit an Lint (20—23%) und die Mittelmäßigkeit ihrer Gesamternte (150 kg Bruttoertrag je Hektar bei normalem Anbau seitens der Eingeborenen).

Natürlich vermag man bei guter Pflege der Kulturen, so wie sie in den Ackerbaustationen vorgenommen wird, bessere Ergebnisse zu erzielen. Aber, qualitativ wie quantitativ, ist es richtig, zu sagen, daß diese Pflanze einen zu geringwertigen Ausgangspunkt für die Weiterzucht abgegeben hätte. „Man macht aus einem Esel kein Rennpferd", pflegte Forbes zu sagen. In der Tat haben die Engländer in Indien, im Sudan, in Ägypten und in Uganda, die Russen in Turkestan, die Südamerikaner in Brasilien und in Argentinien sich niemals auf den langwierigen Versuch eingelassen, die armseligen örtlichen Varietäten zum Ausgangspunkt einer höherwertigen Pflanzenform zu machen. Im Gegenteil haben sie ihre Arbeiten in einer vollkommen anderen Richtung vorgetrieben: In Indien beispielsweise hat man Baumwollsorten aus Ägypten und Amerika eingeführt und eingekreuzt; ähnlich so verpflanzte man diese letzteren Sorten nach Ostafrika, nach dem russischen Ferghana und nach Sao Paulo; und so auch in die Provinz Gezira die Varietäten der Sakel-Baumwolle.

Forbes machte diese wohlbegründeten Anschauungen zu den seinen. Wie 20 Jahre vorher der Landwirtschaftsdienst der allgemeinen Verwaltung, so unternahm auch er die Neueinführung und Akklimatisierung amerikanischer Baumwollsorten, sowohl solcher, die in Bewässerungsgebieten, wie solcher, die in Trockenkultur gezogen waren. Zwei ägyptische Varietäten: Sakellarides und Zagora, die er im Jahre 1923 in Segu anbaute, zeigten sich dem Klima gegenüber sehr empfindlich und wenig produktiv. Ihr weiterer Anbau in dieser Gegend wurde eingestellt und weiter nördlich verlegt. 1924 zog Forbes bezüglich ihrer folgenden Schluß: alle ägyptischen Varietäten: „Sakel, Assili, Pima, Aschmuni, Zagora, müssen weiterhin aufgegeben werden, weil sie den klimatischen Bedingungen westlich des Debosees nicht anpaßbar sind".

Das Jahr 1923, das besonders trocken war, zeigte sich der Baumwolle im allgemeinen sehr günstig; so günstig, daß Forbes auf Grund seiner Versuche mit 11 amerikanischen Baumwollsorten[1]) nicht zögerte, seiner Überzeugung dahin Ausdruck zu geben, daß er ihre Anpassung in naher Zeit zum Erfolg führen würde. Aber die Jahre 1924 und 1925 zeigten starke atmosphärische Feuchtigkeit, langanhaltende Regengüsse und starke Überschwemmungen, und bestätigten keineswegs diesen Optimismus; im Gegenteil, sie zerstörten für diese Gegend vollkommen jede Hoffnung, daß man diese ausländischen Vorkommen in Kürze würde akklimatisieren können.

---

[1]) Cleveland, Simpkins Ideal, Big Boll, Triomph, Lightning Expreß, Hartsville, Webber 49, Acala, Durango, Lone Star, Delta type Webber, Mead.

Ohne sich entmutigen zu lassen, nahm jedoch Forbes seine Arbeiten im nächsten Jahre auf noch erweiterter Basis wieder auf. Die Zahl der im Jahre 1926 in den Versuchsfeldern stehenden Varietäten erhob sich auf einige 60[1]). Wenn bisher die Versuche auf die Umgegend von Segu (Stationen von Soninkura und Banankoro) und auf Macina (Station von Diafarabe) beschränkt waren, dehnte Forbes sie nunmehr auch auf die Gegend nördlich von Sansanding, also auf die Sahelischen Teile des Nigerdeltas aus (Hilfsstation von Sigine). In dieser Zeit tauchen unter den Versuchspflanzen zum ersten Male auch Varietäten auf, die in Asien und auch in Afrika selbst bereits angebaut wurden. Da ist in erster Linie zu nennen: die Allen-Baumwolle, die aus dem Staate Karolina (U. S. A.) im Jahre 1904 in den englisch-ägyptischen Sudan, und von dort nach Uganda eingeführt worden ist, von wo sie auch nach Nigerien überführt wurde, um in einem erstmaligen Versuch in Nienebale (nahe Kulikoro am Niger) versuchsweise angebaut zu werden. Daneben erscheint die Cambodia, die aus Cambodjia in die Südgebiete Indiens verpflanzt wurde, und dort unter Bewässerung angebaut wird. Dann Karangani, ebenfalls aus Englisch-Indien (Tinevelly), Korean-Silk und Garo Hills, letztere aus den Bergen von Assam und aus Bengalien kommend.

Auf Grund der Versuchsergebnisse des Jahres 1926 hält Forbes von all diesen Baumwollsorten, die aus den mehr oder weniger tropischen Gebieten stammenden Varietäten zur Weiterbearbeitung für geeignet: Garo Hills (G. Cernuum), Karangani (G. Indicum), Cambodia (G. Hirsutum) und schließlich Allen, den amerikanischen Deltatypus, letzteren aber in einer Form, die sich durch den 20jährigen Weiteranbau in Afrika erheblich verändert hat.

Insbesondere wendet er seine Aufmerksamkeit den Allenstämmen zu. Als 2 Jahre später die Kulturingenieure ihren ersten Nutzungsplan des zentralnigerischen Deltas aufstellen, hat diese Baumwollsorte bereits in den Stationen von Segu und mehr noch von Sigine (im Kalagebiet) und von Sokolo (im Kurumari) ihre Brauchbarkeit bewährt.

---

[1]) Wannamaker Cleveland, Piedmont Cleveland, Bouknight Cleveland, Colliers Cleveland, Coker's Cleveland (6 Nummern); Cook 1627, 598; Cook improved, Rhynne's Cook, College Nr. 1, Nr. 2; D. P. S; Delfos 6102, 631; Coker's Poster 1, 6, 78; Haaga Long Staple, Saulsbury 14, Coker's Hartsville 19, 20, 21; King's Improved, King's 29, Lone Star 65, A; Mexican Big Boll (2 Nummern); Mebane, Meadow's Farly, Over the top, Pima égyptien, Pima Selickseed, Poulnot, Rowden, Trice, Simpkin's Ideal, Petty's Toole, Mathis Toole, Penny's Toole, Cooker's Concile Toole, Ligthning Expreß 5, 6; Delta type Webber 3, 4; Webber 49; Durango, Acala, Meade, Cambodia, Karangani, Korean Silk, Garo Hills, Colombia, Allen de Nigeria.

Auf sie stützen sie in ihrem dem Plan angehängten Landwirtschaftsbericht all die Hoffnungen, die sie für die Lösung des Baumwollproblems in diesem Gebiete hegen.

Am Ende dieser ersten Jahre verstreuter Versuche hebt sich mithin das folgende dreifache Ergebnis heraus. Zunächst:

Der Anbau amerikanischer Baumwollsorten im Bewässerungsverfahren findet sich im nigerischen Gebiet beschränkt auf eine Zone, die im Mittel weniger als 700 mm jährlichen Regenfall aufweist.

Die ägyptischen Baumwollsorten scheinen nur nördlich des Breitengrades zu gedeihen, der durch den Debosee läuft (Zone von weniger als 400 mm Regenfall).

Unter den amerikanischen Varietäten bewährt sich die Allenbaumwolle bei weitem am besten. Sie ergibt in Sokolo (auf der Station) Ernten, die häufig zwei Tonnen je Hektar überschreiten. Sie wird deshalb als die Hauptvarietät bei der in Aussicht genommenen Nutzung der Baumwollböden des Deltas vorgeschlagen.

Darüber hinaus sind die Agronomen überzeugt, daß die einzigen Varietäten, die geeignet sind, südlich Segu zu gedeihen, solche sind, die aus tropischen Ländern mit sudanischem Klima stammen. Diese Feststellung wird weiterhin ihre Arbeiten leiten.

Nach dem Jahre 1928 wird die weitere Einführung amerikanischer Baumwollsorten eingestellt. Dagegen nimmt die an asiatischen Pflanzen zu. Nacheinander werden versucht: die Cawnpore und die Budi — Varietäten des Hirsutum, die im Laufe des 19. Jahrhunderts in Indien eingeführt wurden — und eine ganze Reihe anderer indischer Varietäten mit kurzem Stapel, kleiner Kapsel, großer Widerstandsfähigkeit und großer Ergiebigkeit. Zu gleicher Zeit entdecken die örtlichen landwirtschaftlichen Dienststellen in einem Kanton des Kreises Sikasso eine amerikanische Baumwollsorte (Überbleibsel vorkriegszeitlicher Einführungen), die N'Kuralabaumwolle, eine Pflanze, die zwar stark mit einheimischer Baumwolle gekreuzt ist, aber in bemerkenswerter Weise ihre ursprünglichen Haupteigenschaften bewahrt hat. (Forbes hatte sich vorher mit einem amerikanischen Bastard beschäftigt, der unter dem Namen „Bastard von Djenne" bekannt war; hatte diesen aber schließlich ausgeschaltet, weil die Allenvarietät Aussicht auf schnelleren Erfolg versprach). Trotzdem die N'Kuralabaumwolle erst im Jahre 1932 unter Beobachtung genommen wird, gelingt es dieser Sorte sehr schnell, besonders was die klimatische Widerstandsfähigkeit anbelangt, mit der Allenbaumwolle zu wetteifern. Andererseits zeigt sich, daß nördlich von Sigine in den bereits Sahelischen Gebieten des Deltas eine ganze Anzahl von amerikanischen

Baumwollsorten, die sich in Segu nur mittelmäßig bewährt hatten, interessante Ernten ergaben. Die Sorten: Hartsville, Mexican Big-Boll, Lone Star, Acala, erweisen sich dort als widerstandsfähig und produktiv, ohne allerdings die Fruchtbarkeit der Varietät Allen zu erreichen. Andererseits erzielen alle Baumwollsorten indischer Herkunft südlich von Segu vollen Erfolg. Eine dieser Sorten, die von der Versuchsstation Coimbatore stammt, verbreitet sich fast schlagartig über die Felder der Eingeborenen des mittleren Niger, indem sie die örtliche Varietät (G. Punctatum) fast völlig verdrängt, weil diese weniger widerstandsfähig und — sowohl bezüglich des Lints wie der Körner — geringer im Ertrage ist.

Am Schlusse dieser zweiten Periode zeigt sich als Hauptergebnis, daß von Norden bis zum Süden des geographischen Sudan die einheimischen Baumwollsorten in fortschreitendem Maße von den ausländischen Varietäten verdrängt werden. In der subäquatorialen, an den Urwald angrenzenden Zone, werden die Baumwollsorten mit glattem (G. Barbadense) und mit nierenförmigem Korn (G. Brasiliense) durch die Ishanbaumwolle (G. Vitifolium) verdrängt, die Forbes aus Nigerien mitgebracht hatte, wo englische Züchter sie entdeckt und gereinigt haben. In der eigentlich sudanischen Zone, die durch jährliche Regenfälle von mehr als 700 mm und eine einmalige Regenperiode gekennzeichnet ist, verdrängt eine Kreuzung von Garo Hills und Karangani, die Varietät Budi (vom Namen ihres Importeurs), die örtlichen Baumwollsorten. Es ist im übrigen endgültig ausgemacht, daß die aus Indien stammenden Baumwollsorten — denen dieser große britische Besitz eine Jahresproduktion von nahezu 1 Million Tonnen Baumwolle verdankt — im westafrikanischen Hinterland, soweit dieses sudanisches Klima besitzt, ebenso gut gedeihen und sich ebenso widerstandsfähig und vermehrbar erweisen, wie im Lande ihrer Herkunft. Im Norden von Segu geben zwei Baumwollsorten, die aus Amerika stammen, aber durch längere Weiterzucht in Afrika erheblich umgewandelt sind, Allen und N'Kurala, im oberen Teil des nigerischen Deltas bei Bewässerungskultur Ernten von 1200 bis 1800 kg je Hektar, unter der Voraussetzung, daß sie in der zweiten Hälfte des Juli oder spätestens der ersten Hälfte des August in gut vorbereiteten und weiter gut gepflegten Boden gesät werden. Die amerikanischen „Uplands", deren Anbau im Süden dieses Teiles des Deltas zweifelhaft bleibt, geben in der mittleren und besonders in der nördlichen Gegend des Deltas gute Ernten, wenn sie ebenfalls unter den obengenannten guten Vorbedingungen angebaut werden. Eine Frage, die sich erst seit dem Jahre 1929 aufgedrängt hat, die Akklimatisierung der ägyptischen Baumwolle in den Deltagebieten des Zentrums und des Nordens (Unteres Kala, Kurumari usw.), bleibt zu diesem Zeitpunkt noch ungelöst.

Erprobte Varietäten

Vom Jahre 1934 an steht die Verbesserung der in den 4 Jahren vorher eingeführten Baumwollsorten Allen, N'Kurala und Budi im Vordergrunde des Interesses der Agronomen und Botaniker. Der N'Kuralatyp, der anfangs noch sehr unrein ist, wird zuerst einer Massenauslese unterworfen, um dann nach Isolierung derjenigen Stämme, deren Produkte die geschätzten Charakterzüge tragen, weiter behandelt zu werden.

Diese Arbeiten haben ein doppeltes Ergebnis: einerseits stellen sie den einheimischen Landwirten Samen dieser hinreichend homogenen Varietät zur Verfügung, um Stapel guten Handelswertes zu produzieren. Andererseits gelingt es, Baumwollsorten zu schaffen, die sich konstant vererben, widerstandsfähig und fruchtbar sind und bei langer, feiner und hinreichend nerviger Faser ein gutes Ergebnis an Körnern liefern. Gutachten, die kürzlich über diese Baumwollen in Le Havre und in der Kunst- und Gewerbeschule Paris, angefertigt worden sind, haben folgende technische und kommerzielle Auswertung ergeben: N'Kurala (Gutachten der Kunst- und Gewerbeschule, Laboratorium für Spinnerei und Weberei, Leiter Mr. Roehrich):

	N'Kurala N. K. 14	N'Kurala N. K. 4. M.
Ertrag an Lint	31,5%	31,4%
Länge der Faser:		
wirkliche Länge	26,5 m/m	30 m/m
amerikanischer Maßstab (Zoll)	1,1/32	1,3/16
Maßstab von Le Havre	28/29	30
Hundertsatz guter Fasern	76	82
Hundertsatz kurzer Fasern	24	18
Durchschnitt der Faser in $^1/_{1000}$ mm	18,36	18,49
Reifekoeffizient	49,1	46,3
Druckfestigkeit der Faser in Gramm	5,19	4,88
Zugfestigkeit in Kilogramm je m/m²	39,4	39,5

Gutachten des Herrn Baudoin. — Le Havre: N'Kurala N.K.4M. recht reine Baumwolle, die marktmäßig „strict good middling" gekennzeichnet wird; leicht wollig, Faser fein, sehr fest, 1" 1/16, erreichend.

Ein gleiches Gutachten ist für die Varietät Allen angefertigt worden, wobei man der Widerstandsfähigkeit der Pflanze und der Nervigkeit der Faser besondere Aufmerksamkeit zugewandt hat. Nachfolgend das Ergebnis für die ausgelesenen Stämme, die man weiter vermehrt hat:

	Allen 538	Allen 519 A	Allen 518
Ertrag an Lint	35,5%	33,5%	34%
Länge der Faser:			
wirkliche Länge	31 m/m	29 m/m	29 m/m
amerikanischer Maßstab (Zoll)	1,7/32	1,1/8	1,1/8
Maßstab von Le Havre	30 voll	29/30	29/30
Hundertsatz guter Fasern	85	85	78
Hundertsatz kurzer Fasern	11	15	22
Durchschnitt der Faser in $^1/_{1000}$ mm	18,5	18,30	18,08
Reifekoeffizient	45,8	46,3	49,6
Druckfestigkeit der Faser in Gramm	5,99	6,18	5,95
Zugfestigkeit in Kilogramm je m/m²	48,6	50,7	49,6

Gutachten von M. Baudoin. — Le Havre:

Allen 538: recht reine Baumwolle voll „good middling", weich anzufassen, Faser fein und von guter Festigkeit, 1" 1/32 erreichend.

Allen 519 A: recht reine Baumwolle, „good middling", leicht wollig, Faser fein und von guter Festigkeit, erreicht 1 inch.

Allen 518: recht reine Baumwolle, „strict good middling", weich anzufassen, Faser fein und von guter Festigkeit, 1" 1/32 erreichend.

Für den Budi war das angestrebte Ziel, durch Massenauslese einen einheitlichen Typ herauszubilden, und diesen dann durch Weiterzucht der isolierten Stämme und Auslese ihrer Nachkömmlinge konstant zu machen. Wie alle Bastarde ermangelt die Varietät Budi der Konstanz und hat Neigung, wenn sie sich selbst überlassen bleibt, wieder in die einzelnen Typen auseinanderzufallen, aus denen sie gekreuzt wurde. Ohne bereits völlig befriedigende Ergebnisse erzielt zu haben, ist man doch dahin gelangt, Stämme zu isolieren, die die große Kapsel des Cernuum vererben (aber offen wie beim Indicum), eine Faser von mittlerer Länge und guter Festigkeit besitzen, verhältnismäßig seidig anzufassen sind, und eine Lintergiebigkeit bei der Entkörnung von 33—39% aufweisen. Roehrich und Baudoin haben über diese Baumwollsorte folgendes Urteil abgegeben.

Gutachten Roehrich:

	B. 19	B. 13. 29	B. 13. 30
Länge der Faser:			
wirkliche Länge	27 m/m	26 m/m	27 m/m
amerikanischer Maßstab (Zoll)	1,1/16	1	1,1/16
Maßstab von Le Havre	28/29 voll	28/29 genau	28/29 genau
Hundertsatz guter Faser	82	78	78
Hundertsatz kurzer Faser	18	22	22
Durchschnitt der Faser in $^1/_{1000}$ mm	22,39	22,23	22,08
Reifekoeffizient	51,2	47,1	47,3
Druckfestigkeit der Faser in Gramm	8,46	7,0	6,94
Zugfestigkeit in Kilogramm je m/m²	40,5	38,3	38,7

Gutachten Baudoin:

Budi N. 19: reine Baumwolle, voll „good middling", faßt sich wollig an, Faser fein, sehr fest, 15/16 erreichend.

B. 13. 29: Baumwolle rein, „strict good middling", sich wollig anfassend, Faser fein, sehr fest, 31/32 erreichend.

B. 13. 30: Baumwolle rein, „voll good middling", sich wollig anfassend, Faser fein, sehr fest, 1 inch erreichend.

Einfluß der neuen Baumwollsorten auf die Eingeborenenproduktion

Eine gewisse Anzahl von Budistämmen sind — vom Landwirtschaftsdienst vermehrt — zum feldmäßigen Weiterbau abgegeben worden. Es würde natürlich sehr wünschenswert sein, ihre Ernten in den Entkörnungsfabriken gesondert zu behandeln und ihre Saat, die die heimischen Sorten verdrängt, systematisch weiter zu verfolgen, da ohne Überwachung ihre Qualität dazu neigen wird, sich schnell zu mindern. Unbestreitbar ist, daß die Verbreitung der Budibaumwolle in allen Gegenden des südlichen Sudan und der oberen Elfenbeinküste ein bemerkenswertes Steigen der einheimischen Baumwollproduktion herbeigeführt hat.

Weil dies in der Statistik noch nicht klar zum Ausdruck kommt, hat man sich diesen Wissensmangel zunutze gemacht, um Schlüsse ganz anderer Art zu ziehen. Man begeht aber einen großen Fehler, wenn man die Baumwollverhältnisse Westafrikas nur nach dem Export der Kolonie beurteilen wollte. Denn in den Ziffern, auf die man sich stützen würde, sind die Mengen nicht enthalten, die in den inneren Markt fließen. Und gerade dieser ist seit rund 10 Jahren in starkem Wachstum begriffen. Begünstigt durch die — relativ wie absolut — sich bessernde Kaufkraft der Bevölkerung, wie sie sich aus dem wachsenden Export von Erzeugnissen des Bodens und des Untergrundes entwickeln mußte, hat der Binnenhandel mit Baumwolle von Kreis zu Kreis und vom Sudan zu den Kolonien der südlichen Küste ein großes Ausmaß angenommen. Die Bevölkerung, die man bei der Besetzung des Landes fast nackt vorgefunden hatte, ist heute bekleidet und oft sogar — an Festtagen — mit einer gewissen Sorgfalt. Diese Umwandlung, die sich in der Zollstatistik in keiner Weise niederschlägt, stellt eine der Hauptwirkungen dar, die von der Entwicklung der Baumwollerzeugung auf der Unterlage der neuen Baumwollvarietäten ausgegangen ist.

Dieser Aufschwung würde auch in den Auslandsverkäufen Französisch-Westafrikas klarer zum Ausdruck kommen, wenn sich nicht, wie schon oben erwähnt, die Baumwolle mit der Erdnuß in Wettbewerb befände. Sowohl der Ertrag an Fläche wie auch die Preise auf dem Weltmarkt ergeben für diesen Ölträger, der im größten Umfange im Sudan angebaut werden kann, Zahlen, die fast immer lohnender sind, als diejenigen der Faserpflanze. Im vorigen Jahre bot der Europäische Markt dem Erzeuger Frs. 0,6 für das Kilogramm Erdnüsse. Demgegenüber zahlte man für 1 kg Baumwolle Frs. 1,50 und oft sehr viel weniger, während der afrikanische Binnenmarkt dafür Frs. 2,50 und sogar Frs. 3,— bezahlte. Da die mittlere Ernte je Hektar für den Eingeborenen etwa 250 kg Budibaumwolle ergibt, aber runde 800 kg Erdnüsse, so stellt sich die Roheinnahme auf dieser Fläche auf Frs. 480,— für den Ölträger und auf 350 bzw. 625 Franken für die Baumwolle, je nachdem, ob sie dem Export oder dem eigenen Markte zugeführt wird. Unter diesen Umständen wird man ohne weiteres verstehen, daß die Landwirte für ihre Baumwolle dem Binnenmarkte den Vorzug geben. Die einzigen Gegenden, wo die Baumwolle sich dem Exporthandel zuneigt, sind diejenigen, die dem Erdnußanbau ungünstig oder der Bewässerungskultur besonders günstig sind. Das ist einmal in den feuchten Gegenden der Elfenbeinküste, wo die „Ishan"-Baumwolle gebaut wird, der Fall, und zum anderen in den Sahelgebieten des nigerischen Deltas, soweit sie bewässerbar sind. Bei einem Durchschnittsergebnis von 1000 kg je Hektar im Bewässerungsverfahren ändert sich natürlich die Stellung des Textils im Verhältnis zu der Ölpflanze vollständig, und die Eingeborenen zeigen Neigung, sich an der letzteren zu desinteressieren, trotzdem diese Pflanze als Leguminose in ihrer Fruchtfolge eine wichtige Stellung einnimmt.

Bei einer Gesamternte von 410 t und einer Ausdehnung der Kulturen von 495 ha sind in Niono im Jahre 1930 nur rund 100 t Baumwolle in den Konsum des Binnenmarktes gegangen. Der Rest wurde in den Export gegeben. Es ist klar, daß mit der schnellen Ausdehnung der Baumwollkultur in den Bewässerungsgebieten der örtliche Markt sehr schnell gesättigt sein würde.

Man erkennt so auf einen Blick, warum die Baumwollwebereien des französischen Mutterlandes — und nicht nur aus den soeben dargelegten Gründen, sondern noch aus anderen, die auseinanderzusetzen hier zu weit führen würde — wenig von der westafrikanischen Kolonie zu erwarten hätten, würde man dort bei der Trockenkultur der Baumwolle stehenbleiben.

E. L. Bélime

Einführung ägyptischer Baumwollvarietäten

Die Preise der amerikanischen Massenbaumwollen sind — von ihren dauernden Schwankungen abgesehen — ständig um rund 35% niedriger notiert als die der langfasrigen Baumwollen Ägyptens. Es könnte deshalb vorteilhaft erscheinen, Varietäten dieser letzteren Baumwolle in den Bewässerungsgebieten des nigerischen Deltas anzubauen[1]). Das Hindernis, das zur Zeit besteht, ergibt sich aus dem Klima. Es regnet am Niger etwas mehr und die Luftfeuchtigkeit ist etwas höher, als im anglo-ägyptischen Sudan. Aber der anglo-ägyptische Sudan wiederum hat erheblich stärkere Regenfälle als Ägypten, von woher doch die Baumwollsorten, die heute dort angebaut werden, gekommen sind. Es ist den Engländern gelungen, sie dort zu akklimatisieren, trotzdem die jährlichen Regenfälle rund 350 mm betragen, während dieselben Pflanzen im Nildelta höchstens 50 mm Regenfall ausgesetzt sind. Man sät deshalb im Sudan erst Ende August, um so die starken Güsse der ersten Regenzeit zu vermeiden, und setzt die Bewässerung bis in den März fort. Auf diese Weise umgeht man bereits großenteils die angedeutete Schwierigkeit. Das Wenige, das dann noch bleibt, wird durch entsprechende Auslese von Pflanzen, die der Feuchtigkeit gegenüber widerstandsfähig sind, erreicht. Die englischen Züchter haben es sogar unternommen, durch eine besondere Kreuzungsmethode eine neue Baumwollvarietät zu erzeugen, die wenig empfindlich gegen die Blattfleckenkrankheit des „black arm" (Pseudomonas malvacearum) ist und sich auch aus diesem Grunde dem sudanischen Klima gut anpassen würde.

Was gelungen ist, als es sich darum handelte, den Regenunterschied zwischen 50 mm in Ägypten und 350 mm im Geziragebiet zu überbrücken, wird dies auch gelingen, wenn es sich darum handelt, die Anpassung bis zu 450 oder gar 550 mm, wie sie in den Zentralprovinzen des nigerischen Deltas herrschen, sicherzustellen? Auf den ersten Blick erscheint es jedenfalls nicht unmöglich. Wie man die „Sakel"-varietät des anglo-ägyptischen Sudan durch fortgesetzte Kreuzung und Auslese (back crossing) zu einer Baumwollpflanze feuchteren Klimas gemacht hat, so kann man auch hier hoffen, in 6 oder 7 Jahren eine Pflanze zu erzielen, die ihre ursprünglichen guten Eigenschaften bewahrt und trotzdem dem Klima die nötige Widerstandsfähigkeit entgegensetzt.

---

[1]) Die Erfahrungen der „Compagnie de culture cotonnière du Niger" ergibt, daß sich auch die ägyptischen Baumwollarten dem Klima der Seenregion auf die Dauer werden anpassen lassen.

Die augenblicklichen Versuche, die man mit gewissen Varietäten des sudanischen und selbst des ägyptischen Nilgebietes unternimmt, sind ermutigend. Varietäten, wie die „Gizeh"-baumwolle, „Sakha" und „Sakel" haben in Niono im Laufe der letzten Kampagne aus Saaten, die um den 15. August gesät waren, Hektarerträge von 1200 bis 1300 kg erbracht. Das Gutachten Roehrichs über die Eigenschaften ergab folgende Daten:

	Gizeh 26	Sakha 7	Sakel E B 38
Ertrag an Lint	29,2%	34,4%	32,5%
Länge der Faser:			
wirkliche Länge	36,5	37,5	37,0
amerikanischer Maßstab	1,1/16	1,1/2	1,15/32
Hundertsatz guter Fasern	72	75	18
Hundertsatz kurzer Fasern	28	25	22
Durchschnitt in $^1/_{1000}$ mm	14,93	15,15	15,47
Reifekoeffizient	53,0	52,6	53,6
Druckfestigkeit der Faser in Gramm	4,85	4,70	5,19
Zugfestigkeit in Kilogramm je m/m²	52,4	49,5	50,8

Nach Roehrich ist „Gizeh 26" eine sehr gute Baumwolle langen Stapels, gleichmäßig, sehr fein (15/1000 mm), von guter Reife und Festigkeit. Er hält den Vergleich mit den besten „Pima"- und „Maarad"-Sorten aus.

Die Varietät „Sakha 7" ist ausgezeichnet; ihr Stapel ist erstklassig. In der Feinheit, der Regelmäßigkeit des Durchschnitts sowie bezüglich der Reife und der Festigkeit kann man unter den langfaserigen ägyptischen Baumwollen kaum Besseres finden.

Die Varietät „E.B. 38" mit einem sehr guten Längendiagramm und einer Feinheit von 15,5/1000 mm ähnelt mit ihrer schönen weißen Farbe der Original-Sakel und begegnet dadurch auch dem gleichen Interesse.

So vielversprechend aber auch die ersten Erfolge sind, man wird nicht umhin können, dennoch vorläufig noch einige Zurückhaltung zu üben. War doch das Jahr 1938 im Sudan klimatisch allen Baumwollkulturen günstig. Gegen die Feuchtigkeit empfindlicher, als die amerikanischen Sorten, würde bei heftigen und langanhaltenden Regenfällen die ägyptische Baumwollpflanze vielleicht auch 1938 keine so bemerkenswerten Erträge ergeben haben. Und noch ein anderes: Da sich die Ernte dieser Sorten bis zum Ende März hinzieht, ist es notwendig, sie bis Ende Februar zu bewässern, was bei der Natur der Wasserverhältnisse des Niger gewöhnlich nur für eine verhältnismäßig beschränkte Oberfläche möglich wäre. Es würde deshalb notwendig sein, entweder die Bewässerungsmöglichkeiten mit

Hilfe eines Reservebeckens, das am oberen Lauf des Niger einzubauen wäre, hinaus zu ziehen — ein Unternehmen, das wahrscheinlich auf lange hinaus noch nicht ins Auge gefaßt werden kann — oder aber durch Auslese eine Pflanze zu schaffen, die entweder gegen die Feuchtigkeit widerstandsfähiger oder bezüglich ihrer Vegetationsperiode kurzfristiger wäre. Es ist zu hoffen, daß man, wenn man Zeit und Mühe genug darauf verwenden kann, eine solche Pflanze aus dem Material des Jahres 1938 in Niono zu finden vermag.

Ein Punkt bedarf indessen der Beachtung: von allen Handelstypen der Baumwolle sind die langfaserigen Ägypter diejenigen, die am meisten durch die Kunstseidenindustrie bedroht werden. Eine Ausnahme machen nur die feinsten Sorten, mit großer Zugfestigkeit, die in der Nähgarnindustrie Verwendung finden und für die es immer eine sichere, wenn auch beschränkte Kundschaft gibt. Die Wolle dieser Sorten beteiligt sich nur in sehr geringem Maße an dem Anwachsen der Weltbaumwollproduktion. Dies ist eine Tatsache, die man sich wird gegenwärtig halten müssen, sobald es notwendig sein wird, zwischen den zwei oder drei Wegen zu wählen, die einem die Vielfältigkeit der für die Baumwollerzeugung im nigerischen Delta geeigneten Pflanzen zur Verfügung stellt.

Schlußfolgerungen. Nicht selten hört man die Behauptung, daß in Französisch-Westafrika seit 30 Jahren und mehr die Frage der Baumwolle und ihrer Erzeugung nicht vorangekommen sei. Man hätte sogar, als man vor etwa 10 Jahren die Ausnutzung des nigerischen Deltas für die Kultur dieses Textils in Aussicht genommen habe, die Unklugheit begangen, „die Ochsen hinter den Wagen zu spannen“; denn wozu Bodenflächen bewässern, wenn die Pflanzen, die sie tragen sollen, noch nicht bekannt oder doch noch nicht auf der Höhe ihrer Leistungsfähigkeit sind. Diese Kritiken, und das ist bedeutsam zu wissen, sind völlig unberechtigt. Ganz entgegengesetzt zu dem, was diese Kritiker behaupten, ist das Studium der Baumwollpflanze, das bis zum Ende des großen Krieges in Westafrika kaum voran gekommen war — gab es doch bis dahin genug anderes zu tun, um das Land erst einmal einigermaßen zu erschließen — seitdem mit viel Aufwand von Zeit, Aufmerksamkeit und Mühe vorangetrieben worden. 1920 war die technisch-landwirtschaftliche Ausrüstung bezüglich der Baumwollfrage, wie wir gesehen haben, in Französisch-Westafrika so gut wie null; niemand, selbst unter den Gelehrten und den erfolgreichsten Praktikern, ahnte, daß die „Mitafifi“-Baumwolle Ägyptens in Segu mit demselben Erfolg gebaut werden könne, wie in Timbuktu. Von diesem Nichts hatten Forbes und seine französischen Mitarbeiter ausgehen müssen. Das war im Jahre 1923. Fünf Jahre später wußte man, welche Baumwollsorten man mit Vorteil im Zentraldelta des Niger anzubauen hatte. Noch ein Jahrfünft, und die Baumwollkarte von ganz Französisch-Westafrika war festgestellt mit all ihren wohlabgegrenzten Zonen und für jede Zone die Baumwollsorte, die ihr entsprach.

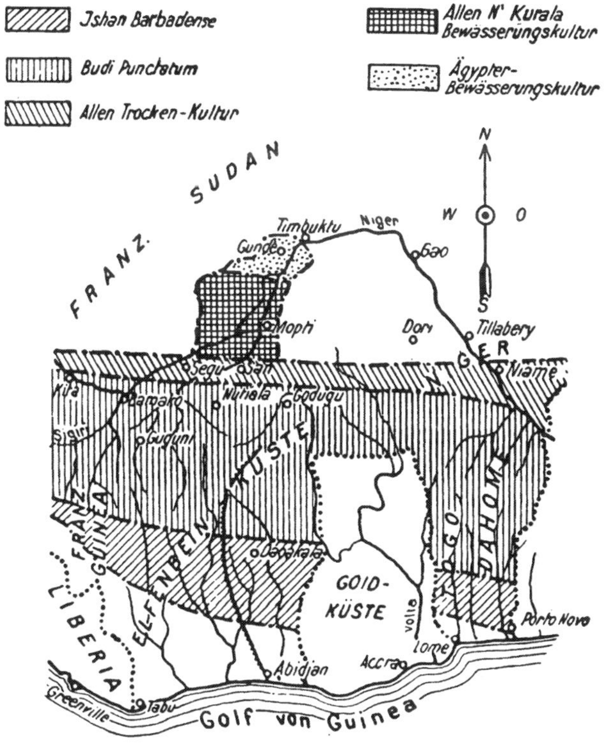

Abb. 13. Baumwollkarte von A. O. F.

Heute befinden wir uns nicht mehr im Stadium der Entdeckungen, sondern in dem der Verbesserungen. Ohne Zweifel werden die Allen- und auch die Budibaumwolle, die in den heute vorliegenden Formen in dreifacher Richtung: landwirtschaftlich, handelsmäßig und industriell den zu stellenden Ansprüchen genügen, selbst wenn sie die Konkurrenz der ägyptischen Sorten siegreich bestehen, eines Tages von irgendwelchen besseren anderen Sorten überholt und ersetzt werden müssen. Sie folgen in dieser Beziehung dem allgemeinen Gesetz, das will, daß beispielsweise in den Vereinigten Staaten eine Baumwollvarietät sich in 5 Jahren abbaut, in Ägypten in 20 Jahren, und daß auch unsere Getreideerzeuger immer wieder zwingt, in bestimmten Zeiträumen die Eigenschaften und Stämme ihrer Saatpflanzen zu wechseln. Auf diesem Gebiete gibt es keinen Stillstand des Fortschrittes, und das Risiko, bis zur wirklichen Vollendung vorzustoßen, ist gering.

Von dieser Vollendung ist man im Sudan, wie auch woanders, weit entfernt. Aber das in den letzten 15 Jahren Erreichte ist bedeutend, fruchtbar und entscheidend genug, daß niemand, der sich für die westafrikanische Baumwollzucht interessiert, das Recht hat, es zu ignorieren, oder wenn er diese Arbeit kennt, sie mit Schweigen zu strafen.

Anderweitige Studien

Außer diesen mit großer Geduld und viel Kleinarbeit durchgeführten Studien, dank denen das Problem der Anpassung von Pflanzen hoher quantitativer und qualitativer Produktivität an die Bedingungen des nigerischen Deltas als gelöst angesehen werden kann, haben sich die Agronomen an das Studium derjenigen Fragen gemacht, die sich mit der eigentlichen Ackerkultur befassen: Saatzeit, Abstand der Pflanzdämme und der Pflänzlinge darauf, Maß und Verteilung der Bewässerung, Art und Weise der Bestellarbeiten, Düngerfragen, Anwendung von Ackergeräten, wie sie sich besonders für die Eingeborenen eignen, usw., usw. Auch die Mittel, die Ernährung des Viehes sicherzustellen, wichtig als Düngerproduzent wie als Arbeitsvieh, sind zum Gegenstand der Untersuchungen gemacht worden.

Die Fruchtfolge in der Baumwollwirtschaft des Deltas erfolgt in drei Schlägen. Im ersten Jahr trägt der Boden Baumwolle, im zweiten eine Getreidesorte, im dritten Leguminosen. Die bestgeeignete Getreidesorte für die Deltaböden des Sahel ist der Sorghum oder die große Hirse. Eine örtliche frühreife Varietät desselben, der „Niodjeni“ (Vegetationsdauer: 90 Tage) gibt einen ausgezeichneten Ertrag; er ist sortenmäßig ausgesondert und den Eingeborenen zur feldmäßigen Auswertung freigegeben worden. Der Hirse folgt vorteilhafterweise die Erdnuß. Die „Volète“, eine aus Senegal stammende Varietät, die sich gut aufrecht hält, verträgt sich sehr gut mit dem Klima dieser Regionen. Sie liefert dem Landwirt durch den Verkauf ihrer Nüsse eine schätzenswerte Ergänzung seiner Einnahmen und in Gestalt ihres Heues ein Futtermittel von Qualität. Ergänzt wird dies einesteils durch den Neuausschlag der Hirse, die man je nach Notwendigkeit bewässert und zwecks Erzielung einer zweiten Ernte frühzeitig schneidet, und andererseits durch Zwischenfrüchte, wie die Vignasbohne, die Sammtbohne (velvet beans), lubias, lablab usw., alles Futterleguminosen, die bereits ihre Probe bestanden haben und das Trockenfutter, das für das Weidevieh in den Mangelzeiten nötig ist, hergeben. Dem Vieh steht weiterhin zur Verfügung: Die Ernte von Wassermelonen, die man an den Rändern der Kanäle pflanzt, und die in den Tropen die Futterrübe ersetzen. Man bewahrt sie entweder trocken unter Dach auf oder feucht in Silos. Sie liefern den Tieren während der Monate der Trockenzeit eine wasserhaltige Nahrung, die sie so nötig brauchen. Zur Zeit der landwirtschaftlichen Arbeiten ermöglichen ihnen dann die täglichen Rationen an Baumwollkuchen, ohne Erlahmen die großen Anstrengungen zu ertragen, die man ihnen in dieser Zeit zumutet.

Die Düngerfrage ist in einer Landwirtschaft, deren Hauptzweig die Baumwollkultur darstellt, im großen und ganzen durch rationelle Ausnutzung des eigenen Wirtschaftsdüngers zu lösen, dessen Erzeugung naturgemäß soweit wie möglich vorgetrieben werden muß. Phosphorsaurer Kalk hat als Zusatz zu dienen. Bei solcher Wirtschaftsweise genügt die Futterproduktion je eines Hektars der Gesamtwirtschaftsfläche (Futterpflanzen, Ölkuchen usw.), um je ein Stück Rindvieh zu ernähren. Um jedoch insonderheit einen Hektar Baumwolle zu erzeugen, sind zwei bis drei Stück Rindvieh notwendig, um den dafür erwünschten Stalldünger zu produzieren. Der Düngerplan, zu dem man bei den Stationsversuchen im Laufe von 8 Jahren, und zwar unter voller Aufrechterhaltung der Bodenkraft gekommen ist, sieht für den Baumwollacker 10 bis 15 Tonnen Stalldünger je Hektar vor, der noch durch einen Zusatz von 300 kg natürlichen Phosphats ergänzt wird. Der Hirseacker nutzt im nächsten Jahre diese Düngergabe weiter aus; die Futterleguminose, die ihm folgt, bleibt ungedüngt. Auf diese Weise ist es möglich, in dreijähriger Rotation, ohne daß der Boden verarmt, vom Hektar folgende Erntemengen zu ziehen: 1200 kg Bruttogewicht an Baumwolle, eine Tonne Hirse und 800 kg Erdnüsse in der Schale.

Eine so intensive Bodennutzung erfordert natürlich, um auf die Dauer durchgehalten zu werden, das Vorhandensein eines Viehstapels in unmittelbarer Nähe, der die für diese Wirtschaftsweise notwendigen Tiere zur Verfügung stellt. Es ist ein glücklicher Zufall, daß es gerade ein solcher Viehstapel ist, der den wesentlichen Reichtum der dortigen Landgebiete darstellt. Wie wir oben gesehen haben, exportieren die Sahel-Gebiete des westlichen Sudan jährlich mehr als 100 000 Stück Rindvieh in die südlichen französischen und nicht französischen Kolonien. Man hat berechnet, daß es genügen würde, um die für die Landwirte des Deltas notwendigen Herden zu bilden, einen schwachen Bruchteil dieser Liefermengen letzteren zuzuführen. Die Zufuhren in die südlichen Kolonien brauchten deshalb keineswegs auf die Dauer geringer zu werden, da man die ins Delta gebrachten Tiere nach fünf- bis sechsjähriger Nutzung immer noch dem Konsum dieser Gebiete zuführen könnte. Hinzu aber kommen alle die Produkte, welche die eigene seßhafte Viehzucht des Deltas laufend erzeugen wird wie es sich zwangsläufig aus der Zusammenziehung jenes Viehstapels ergeben muß.

Studium der Kolonisationsmöglichkeiten

Bleibt das Bevölkerungsproblem. Über dieses haben sich lange Zeit Parteigänger und Verneiner der Nutzbarmachung des nigerischen Sudan gestritten, und zwar oft leidenschaftlich. Nach der Meinung der einen vermag dieses volkarme Land keinesfalls die für die Nutzung des nigerischen Deltas notwendigen Arbeitskräfte zur Verfügung zu stellen. Selbst aber wenn es hinreichend über Menschen verfügte, würden sie — mit ihrer heimischen Erde fest verwachsen — hartnäckig ablehnen, sie zu verlassen. Nach Meinung der anderen ist die Schwierigkeit nicht so sehr eine Mengenfrage als eine Frage des Wertes der Arbeitskräfte. Arbeiter, so sagen sie, findet man schon, wenn man will, aber sie werden niemals das sein, was die Fellachen Ägyptens sind. Sowohl der Intelligenz, wie des Eifers ermangelnd, würden sie — und der Schein könnte auf den ersten Blick den Beobachtern recht geben — außerstande sein, das Werkzeug der Bewässerung, das man in ihre Hände legen würde, wirksam zu nutzen.

Beginnen wir mit der ersten Behauptung: ist der Sudan wirklich entvölkert, wie man vorgibt? Wenn man die mittlere Dichte der Bevölkerung allein zum Maßstabe der Betrachtung macht, ist die Antwort nicht zweifelhaft: Die französische Sudankolonie ist ein Land, das einer Wüste fast gleichkommt: 3420000 Einwohner auf 1500000 Quadratkilometer, das sind nur 2,25 Menschen auf einen Quadratkilometer.

Aber in dieser Beziehung ist der angloägyptische Sudan, wo man augenblicklich mit größtem Erfolge die Provinz Gezira unter künstliche Bewässerung setzt, kaum besser gelagert, ernährt sie doch auf den Quadratkilometer auch nicht mehr als 2,47 Einwohner. Selbst Ägypten, wenn man seine Wüsten mitberücksichtigt, überschreitet nicht die Ziffer von 14, Rußland die von 7, Kanada 1,1, Argentinien 4. Niemand aber wird zu behaupten wagen, daß diese Länder in ihrer Entwicklung durch den Mangel an Arbeitskräften ernstlich gehindert sind. Ja, eines von ihnen, Ägypten, hat sogar Anlaß, sich vor einem Übermaß solcher zu fürchten.

Die Wahrheit ist, daß in solchen Fällen Durchschnittszahlen keine große Bedeutung haben. Worauf es ankommt, ist nicht die Summe der Einwohner, sondern ihre Verteilung. So paradox es scheinen mag, so kommt es doch gar nicht selten vor, daß in einem Lande dünner Gesamtbevölkerung gewisse Gegenden unter Überbevölkerung leiden. Dies ist der Fall beispielsweise im Tale des Nil, in gewissen Oasen Marokkos und auch in gewissen Provinzen des westlichen Sudan.

Bevölkerungsverhältnisse des Nigerbogens

Um diese Frage vollkommen zu klären, hat man eine Karte über die Bevölkerungsverteilung angefertigt, wobei man die Untersuchungen auf die Gegenden beschränkt hat, die mit den zu bewässernden ungefähr gleiches Klima haben. Nach Süden hin ist man über den 12. Breitengrad nicht hinausgegangen, da von da ab bereits ein feuchteres Klima und eine Flora ungleicher Art einsetzt, und man jedenfalls südlich davon nicht mehr damit rechnen konnte, daß die Eingeborenen sich würden verpflanzen lassen.

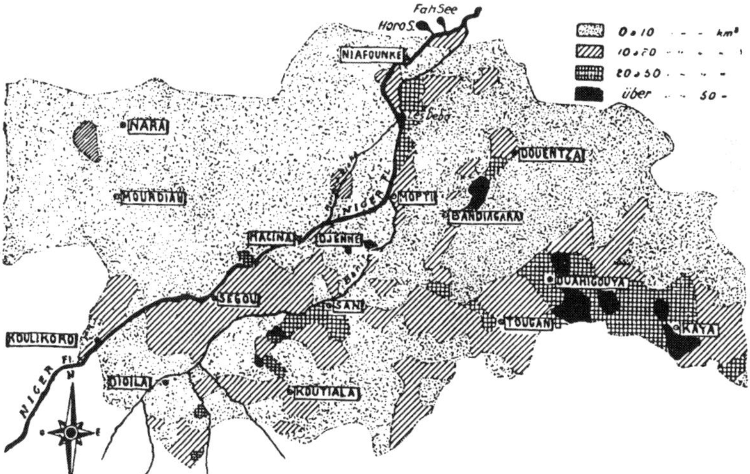

Abb. 14. Bevölkerungsverteilung im mittleren Sudan

Was lehrt uns diese Karte? Zunächst dieses, daß es im Nigerbogen landwirtschaftliche Gebiete gibt, in denen die Bevölkerungsdichte über 50, 80 und hie und da sogar 100 Einwohner je Quadratkilometer hinausgeht. Auf die Gründe dieser eigenartigen Zusammenballungen sind wir weiter oben bereits eingegangen. Bleibt hier zu

5*

sagen, was aus ihnen folgt. Niemandem, der die Verhältnisse des Nigerbogens kennt, ist unbekannt, in welchem Maße die Bevölkerung unter dieser Zusammenpferchung leidet. Besonders im nördlichen Mossiland ist man gezwungen, jedes Stück Land, das irgendwie dazu verwendbar ist, zu beackern, ohne ihm jedoch zusätzlichen Dünger zur Verfügung stellen zu können. Die Folge ist, daß die Böden immer mehr verarmen. Schon lange liefern sie nicht mehr die Nahrung, die für ihre Bewohner notwendig wäre. Durch den chronischen Lebensmittelmangel verjagt, verlassen diese zeitweilig als Saisonarbeiter ihre Heimat oder suchen sich sogar für immer wo anders festzusetzen.

Daß die übervölkerten Gebiete dem nigerischen Delta die nötigen Einwanderer liefern könnten, ist nicht zweifelhaft. Es gibt in der Tat keinen Grund, warum die Leute von Hombori, von Uahiguya, Tugan und selbst Kaya, die heute an der Goldküste das suchen, was ihnen ihr eigenes Land versagt, sich weigern sollten, sich unter einem trockenen, dem ihren völlig gleichen Klima eine neue Daseinsgrundlage zu verschaffen.

Damit ist der erste Punkt geklärt: Es handelt sich nicht darum, eine Bevölkerung aus Gebieten abzuziehen, wo sie selbst zu dünn gesät ist, sondern ganz im Gegenteil aus Gebieten, die in den Halbwüsten verstreut, selber unter Übervölkerung leiden. Es handelt sich nicht darum, diese Bevölkerung aus einem trockenen in ein feuchtes Klima zu verpflanzen — wozu sie sich übrigens heute schon, ohne Schaden zu nehmen und weil sie nicht anders kann, von selber entschließt — sondern aus einem trockenen Klima in ein anderes trockenes Klima.

Prüfen wir nun, mit welchem Einwandererkontingent man vernünftigerweise dabei rechnen kann und vorweg in welchem Ausmaß die Zuwanderung notwendig ist. Unter der Annahme, daß die zur Kolonisation im Zentraldelta ins Auge zu fassende Fläche sich auf 800000 ha beläuft, eine Zahl, die, wie wir weiterhin sehen werden, der Oberfläche der baumwollfähigen Böden ziemlich genau entspricht, und weiter unter der Voraussetzung, daß man für eine sachgemäße Nutzung alles in allem einen Bewohner je Hektar braucht, würde es nötig sein, 800000 Personen im Gebiete anzusiedeln. Von dieser Ziffer ist es naturgemäß gestattet, die bereits am Ort oder in unmittelbarer Nachbarschaft befindliche Bevölkerung abzusetzen. In dem Raume, der einerseits zwischen dem Niger und den Grenzgebieten im Norden des Deltas liegt und andererseits zwischen dem Überschwemmungsgebiet des Debosees und der Wüstengegend, die im Westen die Deltagebiete vom Plateau von Murdiah trennt, sitzt eine Bevölkerung von rund 115000 Personen, von denen fast 100000 auf die landwirtschaftlichen Berufe entfallen. Wenn man von dieser Ziffer die Bewohner des unteren Macinagebietes absetzt, die nach wie vor der Reiskultur hingegeben bleiben und im übrigen an Ort und Stelle in die Kolonisation eingegliedert werden, so erhält man insgesamt die Zahl von 75000 Menschen, die unmittelbar im Kolonisationsgebiet oder dicht dabei für die Kolonisation des Baumwollgebietes zur Verfügung stehen würden. So interessant diese Ziffer erscheint, angesichts dessen, was im sahelischen Delta nötig ist, ist sie — das ist zugegeben — recht ungenügend. Aber ist der Bedarf wirklich brennend? Offenbar nicht! Wie schnell man auch immer die Arbeiten für die Einrichtung der Bewässerungsanlagen vorantreiben wollte, es ist kaum möglich, sie vor Ablauf eines Vierteljahrhunderts vollkommen zu Ende zu führen. Während dieses Zeitraumes wird sich aber die eingewanderte Bevölkerung auch aus sich selbst heraus entwickeln. Bei einem Wachstumskoeffizienten von 2%, wie man ihn häufig in tropischen Gebieten feststellen kann, wenn die Bevölkerung unter guten Nahrungs- und Gesundheitsverhältnissen lebt, pflegt eine Verdopplung in wenig mehr als 30 Jahren einzutreten. Dieses Wachstum entspricht jedenfalls in der Mehrzahl der Fälle dem der Gebiete tropischer Bewässerung; so im Delta von Tonkin und von Koromandel, in den Ebenen des Punjap und im Sind. Im Chenapgebiet, das zwischen 1880 und 1910 mit Bewässerungsanlagen ausgestattet wurde, ist die Bevölkerung in folgender Weise gewachsen.

Jahre	Bevölkerung
1891	112286
1901	780674
1911	1105997

Nach der Volkszählung von 1911 befanden sich 548227 freiwillige Einwanderer im Gebiet der von der Kolonisationsgesellschaft bewässerten Ländereien, 557770 Personen dagegen waren in diesem Gebiet bereits geboren oder sonstwie mitgezählt worden. Unter diesen mehr als 500000 Menschen befanden sich zweifellos außer den Kindern der Einwanderer auch zahlreiche Personen, die sich — mit diesen in irgendwelcher Verbindung stehend — ohne Wissen der britischen Verwaltung eingefunden hatten. Insgesamt zeigte jedenfalls die Bevölkerung des Bewässerungsgebietes des Chenap 20 Jahre nach Einsetzen der Kolonisation folgende Aufteilung:

Anfangsbevölkerung	10%
Einwanderer	50%
Natürliches Wachstum und unkontrollierte Einwanderung	40%

Nach diesem Beispiel würde man annehmen können, daß, um im Laufe eines Vierteljahrhunderts die erwünschte Dichte von 100 Einwohnern je Quadratkilometer zu erzielen, man ungefähr die Hälfte der endgültig vorhandenen Bevölkerung künstlich heranzuführen hätte. Das würde heißen, daß man für das Deltagebiet nach Abzug der bereits vorhandenen 75000 Menschen eine Einwanderung von 325000 Personen zu bewerkstelligen haben würde.

Ist dies möglich? Um sich darüber Rechenschaft zu geben, muß man sich zunächst die Bevölkerungsverhältnisse der Nachbarschaft des Deltas und des Nigerbogens vergegenwärtigen. Denn diese sind in der Tat die einzigen Gegenden, die in der Lage sind, dem Meliorationsgebiet wirklich große Siedlerkontingente zu stellen. Folgende Tabelle gibt über diese Bevölkerungsverhältnisse Auskunft:

Kreise	Einwohner
Bamako: Abschnitt von Murdiah	48000
„ „ Kolokani ...	60000
„ „ Dioïla	82000
Segu	206000
Kutiala	181000
San	151000
Mopti	420000
Macina	103000
Nara	113000
Niafunke	118000
Uahiguya	418000
Kaya	264000
Tugan	149000
Summe:	2313000

Die Gesamtbevölkerung ist also siebenmal so groß, wie die Zahl an Einwanderern, die man nötig hat. Es gibt mithin kein unübersteigliches Hindernis, die notwendigen Siedler zu finden.

Werfen wir nun gesondert einen Blick auf die Bevölkerung der zu dicht gesiedelten Landstriche. Ganz im allgemeinen gesehen, kann man behaupten, daß in den rein ländlichen Gebieten des Sudan eine Bevölkerung von 25—30 Einwohnern auf den Quadratkilometer ein Optimum darstellt; über diese Ziffern hinaus leidet tatsächlich die Bevölkerung bereits unter Schwierigkeiten, wenn sie versucht, nur aus ihrem eigenen Boden ihre Subsistenzmittel zu ziehen. Im Falle von Trockenheit setzt sie sich gefährlichem Mangel aus.

Demgegenüber erhebt sich im Kreise Uahiguya bei einer Gesamtbevölkerung von 233980 Einwohnern auf 4997 qkm der Durchschnitt auf 46,8 Menschen je Quadratkilometer. Eine ähnliche Zählung für das Kayagebiet, soweit es sich um seine überbevölkerten Teile handelt, ergab 108000 Einwohner mit einer mittleren Bevölkerungsdichte von 45 Einwohnern je Quadratkilometer. Am Abhang von Bandiagara findet man 55000 Einwohner mit sogar mehr als 60 Bewohnern auf den Quadratkilometer. Für andere Kreise ist die Angabe solcher Zahlen schwieriger vorzunehmen, weil die Aussonderung der einzelnen Zusammenballungen und der entsprechenden örtlichen Grenzen statistisch schwer möglich ist. Im Kreise Segu, der dem Delta bereits bedeutende Einwanderermengen gestellt hat, hat man den Abzug aus demjenigen Teile, der rechts des Niger liegt und in dem auf 9770 qkm 125000 Einwohner leben, bereits sperren müssen.

Wenn aber auch die angedeuteten Mängel der statistischen Unterlagen in großen Teilen des Sudan die wirkliche Gruppierung der Bevölkerung und insbesondere die Zonen der Übervölkerung nicht genau feststellen lassen, so ändert dies doch nichts an deren Vorhandensein. Und wenn man sich nur auf die drei eben erwähnten Gebiete beschränkt, die 400000 von den insgesamt 2,3 Millionen Einwohnern umfassen, so findet man in ihnen eine mittlere Dichtigkeit von nahezu 50 Einwohnern je Quadratkilometer, von denen mindestens ein Drittel und in gewissen Fällen sogar die Hälfte unter dem Gesichtspunkt ihres Wohlergehens ein unerwünschtes Übermaß und oft genug sogar eine Bedrohung des Existenzminimums der Bevölkerung darstellen. Die Abwanderung dieses Überschusses ins Delta sicherzustellen — überall, wo ein solcher vorhanden ist — kann nur von Vorteil sein sowohl für die, die bleiben, wie für die, die fortgehen.

Damit stehen wir vor der anderen Frage: Wird diese überschüssige Landwirtschaftsbevölkerung — deren wohlverstandenes Interesse durch glücklichen Zufall mit dem ihrer zurückbleibenden Landsleute völlig übereinstimmt — wenn man sie auffordert, sich woanders niederzulassen, diesem Wohnsitzwechsel zustimmen? Oder wird sie, festgeklammert durch Traditionen, Gebundenheit an Sitte und Gebräuche oder einfache Gewohnheit, widerspenstig bleiben gegenüber allen Ratschlägen, die zur Umsiedlung auffordern. Grade um diese Frage mit zu klären, hat man die Probesiedlungen von Nienebale und Sotuba ins Werk gesetzt.

V. Erste Versuche

Aufmerksam gemacht durch die Schlußfolgerungen der Mission von 1919/20 entschloß sich die Verwaltung Französisch-Westafrikas im Jahre 1922, eine Versuchsstation für Baumwollkultur auf dem rechten Ufer des Flusses etwas unterhalb Kulikoro zu errichten. Unmittelbar benachbart liegt das Dorf Nienebale. Bald darauf erhielt diese Station als zweiten Zweck die Aufgabe, Ausgangspunkt eines größeren Kolonisationszentrums zu werden.

Das Zentrum von Nienebale

Ein erstes Dorf, Diarabugu, wurde im Jahre 1925/26 errichtet. Es erfaßte eine Gruppe von etwa 15 Familien, die man in den Nachbarkantonen gewonnen hatte und mit deren Hilfe man begann, eine Oberfläche von 200 ha nutzbar zu machen, von denen ein Drittel mit Hilfe eines kleinen Hebewerkes bewässert wurde.

Die allgemeine Meinung zu dieser Zeit war, daß die eingeborenen Landwirte Werkzeuge und Maschinen, die man ihnen zur Verfügung stellte, nicht zu benutzen verständen, es sei denn, daß man sie in Arbeiterkolonnen einteilte, die von europäischen Arbeitskräften geführt würden. Jedem Arbeiter wurde ein Tagelohn ausgezahlt, dem eine Lebensmittelration, wie sie der Zahl seiner Familienmitglieder entsprach, hinzugefügt wurde. Diese Methode zeitigte während der ersten Kampagne, wie überall, so auch hier nur mittelmäßige Ergebnisse und wurde im Jahre 1927 zur Zufriedenheit aller Beteiligten durch Anwendung des Familieneigentums und der Familienwirtschaft abgelöst. Jedes Familienoberhaupt erhielt ein Los Ackerboden, umgebrochen und von der Bewässerung erreichbar, mit der Auflage, es nach den Anweisungen zu nutzen, die ihm gegeben werden würden, und mit dem Vorbehalt, daß er später die Einrichtungskosten zurückzuerstatten hatte.

Unter diesen neuen Bedingungen erlebte das Jahr 1927/28 einen großen Erfolg. Von da an faßt die Bevölkerung von Diarabugu, die aus den verschiedensten Orten des Kantons gekommen war, Wurzel und nimmt an Umfang zu. Im Jahre 1930/31 wird in ähnlicher Weise ein zweites Dorf Negneley erbaut, und im Jahre 1935 entschließt sich das ganze Nachbardorf Dianginebugu, sich in das Bewässerungsgebiet umsiedeln zu lassen. Zur Stunde umfaßt das Kolonisationszentrum eine Oberfläche von 1500 ha, von denen 472 ha bewässerbar sind, der Rest sind Trockenlagen, die nach der „dry farming"-Methode bewirtschaftet werden. Die Bewässerung mittels Pumpwerk wurde durch Ausnutzung des Wassers zweier Bäche ergänzt, die — der eine flußaufwärts, der andere flußabwärts — die nutzbargemachten Ländereien begrenzen und deren Wassermengen mit Hilfe gemauerter Deiche einfachsten Typs abgeleitet werden.

Die Bevölkerung der Neuansiedlung verteilt sich wie folgt:

Dörfer	Gesamtbevölkerung	Männer		Frauen		Kinder	
		von 15—55 Jahren	über 55 Jahre	von 15—55 Jahren	über 55 Jahre	von 8—15 Jahren	unter 8 Jahren
Diarabugu	494	285	43	402	67	276	444
Negnele	512						
Dianginebugu ..	511						
Total	1517	1517					

Im Laufe des Jahres 1938 betrug der Bevölkerungszuwachs dieser Ansiedlung 3,4%.

Das lebende und tote Inventar ist das folgende (Jahr 1938):

Lebendes Inventar Rinder	Totes Inventar			
	Pflüge	Karren	Eggen	Hacken
924	193	32	3	20

Als industrielle Einrichtung besitzt die Ansiedlung außer ihrem Pumpwerk einen Warenspeicher und eine mechanische Erdnußschälmaschine.

Die beliebtesten Kulturarten in Nienebale sind der Reis, die Erdnuß und Gartenprodukte aller Art. Behandelt, wie es sich gehört, haben die Reisfelder sich in ihrer Ergiebigkeit immer mehr verbessert. Wenn sie nicht durch Heuschreckenplage geschädigt werden und wenn die Bewässerung, die angesichts des Wildbachcharakters der ausgenutzten Wasserläufe immerhin Zufälligkeiten ausgesetzt bleibt, hinreicht, erreichen die Ernten an Paddy 2000 kg je Hektar und darüber.

Um der Kolonialverwaltung die gegebenen Einrichtungskredite zurückzuzahlen, sind die Kolonisten in der Form landwirtschaftlicher Genossenschaften zusammengefaßt worden. Die Gesamtschuld dem Crédit Agricole gegenüber beträgt 391 880 Franken, wobei dem Kapital die auflaufenden Zinsen hinzugeschlagen sind. Diese Summe ist vom Jahre 1933 ab in 10 gleichen Jahreszahlungen, d. h. mit 39188 Franken zu tilgen. Alle Annuitäten, die bis heute zu zahlen waren, sind regelmäßig eingegangen. Im Jahre 1942 wird also die Schuld von Nienebale getilgt sein.

Abgesehen von diesen Jahresleistungen beteiligt sich das Siedlungszentrum an der Bezahlung des Einrichtungspersonals und zwar bis zum Höchstbetrage von 40000 Franken im Jahre. Es würde diese Bezahlung völlig auf sich nehmen, wenn und sobald die wasserwirtschaftliche Auswertung des Flusses Falia, die vorgesehen ist, durchgeführt und damit die Bewässerung auch der Ländereien unmittelbar westlich von Nienebale sichergestellt sein würde.

Im Jahre 1934 wurde in Nienebale eine Landwirtschaftsschule eingerichtet. Sie zählte im letzten Jahre 68 Schüler, eine Zahl, die sich gegenüber dem Jahr der Eröffnung um 24 erhöht hatte. Außer jungen Leuten besuchen auch einige junge Mädchen diese Schule. Auch für Erwachsene werden in periodischen Abständen Kurse abgehalten.

Das medizinische Personal besteht aus einem Krankenwärter und einer Schwester, die die Kranken laufend besuchen.

Das Ganze kann heute als gesichert angesehen werden und kann anderen Unternehmungen gleichen Stils, die ihre Bewässerung aus kleinen Seitenwasserläufen des Niger oberhalb und unterhalb von Bamako erhalten, zum Muster dienen. Nienebale hat so von 1927 an den Beweis erbracht, daß sich der schwarze Bauer den zeitgemäßen landwirtschaftlichen Berufsbedürfnissen anzupassen vermag und weiter — wenn auch nur im bescheidenen Umfange, aber doch in durchaus klarer Weise — daß es möglich ist, ihn in den Grenzen seines Kantons von einem Ort zum anderen zu verpflanzen.

Diese Feststellungen, so wichtig sie sind, genügten indessen nicht, um auf ihrer Grundlage allein sich an den Ausbau wirklich ausgedehnter wasserwirtschaftlicher Unternehmungen zu wagen. Ausgestattet nur mit einer Bewässerung, die vom Zufall abhängig bleibt, besitzt diese im wesentlichen auf Trockenkultur angewiesene Ansiedlung keine hohe Erzeugungskraft. Die Einrichtungsarbeiten waren im ganzen gesehen geringfügig und man konnte aus dieser Erfahrung kaum mehr ableiten, als daß die Schaffung von Zentren gleicher Natur und gleichen Umfanges in diesem Teil des mittleren Laufes des Niger möglich und sogar leicht möglich ist. Mit einem Worte, wenn es in diesem Stadium auch wohlberechtigt scheint, die Bewässerungskultur längs des Flusses zu befürworten, so war doch noch nichts bewiesen, was die Lebensfähigkeit von Projekten anbelangt, die wirklich bedeutend bezüglich des Aufwandes an Ingenieurarbeit und schwierig und verwickelt bezüglich der Bevölkerungsfrage sind. Die Meinung an Ort und Stelle war sogar überzeugt, daß solche größeren Unternehmungen noch auf lange hinaus ins Reich der Einbildung gehörten und daß, wenn man sich zu ihnen entschlösse, die Unmöglichkeit, auch nur nahezu die freiwilligen Einwanderer zu finden, unfehlbar zum Scheitern dieses Unterfangens führen müßte.

Um diesen Einwänden zu begegnen, war das einzige Mittel, das sich der Regierung bot, ein solches Projekt einschließlich Besiedlung in Angriff zu nehmen und vollständig durchzuführen, und zwar in der Art, daß im Falle des Scheiterns die aufgebauten Werke auch anderem Gebrauch zugeführt werden konnten. Diesem Gedanken entspricht das im Dezember 1925 begonnene Wasserwerk von Sotuba, das im Februar 1929 eingeweiht worden ist.

Das Zentrum von Sotuba

Der Kanal von Sotuba hatte einen dreifachen Zweck. Bedeutende Flächen rechts des Niger zwischen Bamako und Kulikoro bewässernd, sollte er gleichzeitig ermöglichen, unterhalb der Wasserfälle von Sotuba ein Elektrizitätswerk zu speisen, das der Stadt Bamako und Umgebung den Strom liefert, und — durch Verlängerung des Kanals bis unterhalb der Wasserfälle von Kenie — die Verbindung zwischen den schiffbaren Läufen von Kurussa-Bamako und Kurikoro-Gao herzustellen. Im Falle des Mißerfolges der Bewässerung bzw. der Eingeborenensiedlung würden die Sammel- und Zubringerwerke auf diese Weise trotzdem nützlich bleiben. Wir wollen schon hier feststellen, daß es nicht nötig war, sich auf diese Nebenzwecke zurückzuziehen. Zur Stunde ist die Landbewässerung, das eigentliche Ziel des Unternehmens, das einzige, das man erreicht hat. Die Schaffung eines schiffbaren Laufes unterhalb der Ansatzstelle des Kanals bleibt ein Projekt, ebenso wie die Schaffung des Elektrizitätswerkes.

Die Wasserwerke umfassen ein Stauwerk zur Umleitung des Flusses oberhalb der Wasserfälle von Sotuba und einen Zubringerkanal von 22 km Länge. Der Stau liegt 3 km unterhalb der Stadt Bamako an einer Stelle, wo der Fluß durch ein Gewirr von Felsen in zwei Arme geteilt wird, den Damanda- und den Reiherarm, beide getrennt durch Natürliche Schwellen.

Das Werk erforderte auf diese Weise zwei Deiche geringer Höhe, die auf diesen Schwellen aufgemauert sind, und deren Gesamtlänge 1800 m beträgt. Am Ende des Reiherdeiches befindet sich das Hauptwerk, das sich zusammensetzt aus einem Wasserfangwerk mit vier Durchlässen von je 10 m, bestimmt in erster Linie für die Absiebung der Sande, und im rechten Winkel zum Stau aus dem eigentlichen Wasserstauwerk mit vier Durchlässen von je 5 m Öffnung, das stromauf in ein gemauertes Wehr übergeht, das am rechten Ufer endet, stromab in einen unüberflutbaren Damm, der den natürlichen Arm, der das Kopfstück des Zubringerkanals bildet, vom Flusse trennt.

2 km unterhalb des Stauwerkes durchbricht der Kanal die Felsschwelle von Sotuba. An diesem Punkte, wo sich ein Wasserfall von

schwankender Mächtigkeit (3,40 m bei Hochwasser, 6,50 m bei Tiefstand) befindet, sollte das projektierte Elektrizitätswerk errichtet werden. Von Sotuba ab hat der Kanal einen Durchschnitt bekommen, der den Schiffsverkehr für die Flußschiffahrt in beiden Richtungen möglich macht (16,50 m, auf dem Grunde gemessen). Bei einem durchgehenden Gefälle von $^1/_{20\,000}$ ergibt sich ein Wasserdurchfluß von 10 cbm je Sekunde, der hinreichend erachtet wird, um die Bewässerung der talwärts gelegenen Ebenen zu sichern. Der Bau dieses Werkes hat eine Erdbewegung von 800000 cbm erforderlich gemacht,

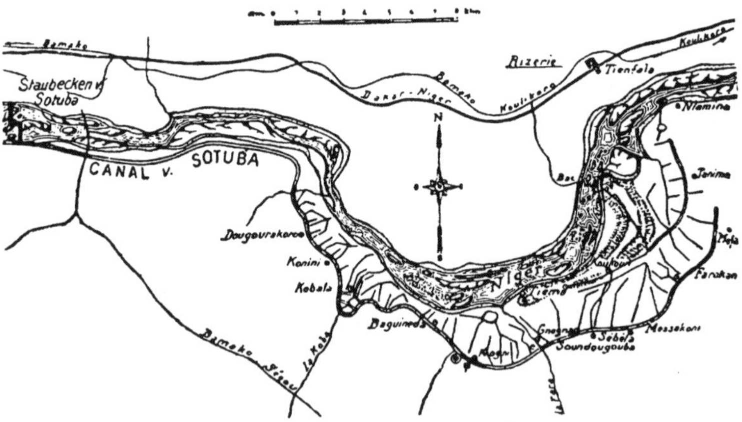

Abb. 15. Kanal von Sotuba, allgemeine Übersicht

von denen 50000 cbm auf felsigen Abraum entfallen. Für die Deiche, den Stau und die Sicherheitsablässe, die längs des Kanals eingebaut sind, waren 12000 cbm Beton und 1200 cbm Ziegelsteinmauerung notwendig. Die Gesamtkosten für diese verschiedenen Arbeiten beliefen sich auf 18500000 Franken.

Im Jahre 1930 begann man mit der Einzeleinrichtung der Bewässerungsfelder. Sie ist dann dem Rhythmus der jährlich gezahlten Kredite des Arbeitsdienstes gefolgt. Die beiden ersten Flächen, die von Kaba und die von Bagineda, wurden im Jahre 1930/31 der landwirtschaftlichen Nutzung übergeben; der erste Abschnitt der Ebene von Tanima im nächsten Jahre. Im Jahre 1935 war die ganze Fläche bis zum Dorfe von Tanima, d. h. 4000 ha bewässerbaren Bodens den Anbauern überlassen. Es bleiben einzurichten stromabwärts dieses Punktes rund 1500 ha, die für eine spätere Ausdehnung der bereits angesiedelten Bevölkerung und zur eventuellen Zuteilung an Konzessionäre mittlerer Größe reserviert bleiben, die sich mit Hochkulturen wie Obstbau und Tabak beschäftigen sollen.

Auf dem rechten Ufer liegen 3000 ha ackerbaren Bodens, der sich zwar im allgemeinen über das Niveau des Kanalwassers erhebt, an den Rändern jedoch in schwacher Tiefe durchfeuchtet wird. Diese Fläche teilt sich in drei Abschnitte: der erste ist dem Maniok, dem Mais und den Futtermitteln vorbehalten; der zweite der Baumwolle und ihren Fruchtfolgepflanzen und der letzte, höchstgelegene, der Erdnuß.

Jenseits davon liegen noch Weideflächen im Umfange von 1500 ha. Die Gesamtoberfläche der Nutzung von Sotuba erreicht also 8500 ha. Wenn man die in dem stromab gelegenen Abschnitt zurückgehaltene Reservefläche abzieht, kann man dic Ausnutzung des Gebietes heute als nahezu vollkommen bezeichnen. Während der letzten Kampagne ergab sich folgende Kulturartenverteilung:

Linkes Ufer:	
Reisfelder	3266 Hektar
Obstbau und Gartenbau	153 ,,
Verschiedenes	110 ,,
Total:	3529 Hektar
Rechtes Ufer:	
Baumwolle	681 Hektar
Hirse und Mais	339 ,,
Maniok	332 ,,
Erdnuß	692 ,,
Total:	2044 Hektar

Der Rest entfällt auf Futterpflanzen und Brachschlag.

Wie man sieht, ist die vorherrschende Fruchtart in Sotuba der Reis. Diese Vorrangstellung verdankt er der Natur der bewässerbaren Böden. Es handelt sich um Flußschlamm, der sich erst in rezenten Zeiten in einem heute toten Seitenbett des Niger abgesetzt hat. Die Hauptreisvarietät, die angebaut wird, ist der Sikasso, eine spätreife Sorte von guter Ergiebigkeit und als Marktware beliebt. Der Sornawary wird für Schadstellen als Lückenbüßer benutzt, findet aber auch auf den höher gelegenen, leichteren und der Bewässerung weniger zugänglichen Böden Verwendung. Endlich der Dissi; sein Anbau hat eine Zeitlang zugenommen, ist aber jetzt in starkem Rückgang begriffen.

Zwecks Wiederanreicherung des Bodens verwendet man in diesem Ansiedlungsgebiet Gründünger (in erster Linie crotolaria retusa). Die Saat erfolgt im April—Mai, die Unterpflügung im Juli. Der Gründüngerschlag wird je nach Fruchtbarkeit des Bodens alle zwei, drei oder vier Jahre eingeschoben; ergänzt wird er durch eine Gabe von Knochenmehl, das in der Ansiedlung selbst aus Fleischereiabfällen der Stadt Bamako hergestellt wird.

Die Baumwollsorte, die sowohl in Sotuba wie in Nienebale angebaut wird, ist der Budi und zwar im Fruchtwechsel mit einer Leguminose.

Die Bevölkerung der Ansiedlung erreichte Ende 1938 5612 Personen und war wie folgt aufgeteilt:

Männer		Frauen		Kinder	
von 15 bis 55 Jahren	über 55 Jahre	von 15 bis 55 Jahren	über 55 Jahre	von 8 bis 15 Jahren	unter 8 Jahren
1218	208	1587	281	871	1447

Sie entstammt in erster Linie den Dörfern, die sich bereits im Bewässerungsgebiet selbst und an seinen Rändern befanden. Insbesondere hat sich der Kanton von Mofa, der flußabwärts diesen Abschnitt begrenzt, vollkommen dorthin umgesiedelt. Ihm haben sich angeschlossen Landwirte, die aus den Flußgegenden zwischen Kulikoro und Segu gekommen sind, und zwei Dörfer des Kreises Dioïla, die 200 km vom Ansiedlungsgebiet entfernt lagen.

Heute ist diese Bevölkerung völlig seßhaft und alles an ihrem Gebaren beweist, daß sie ihre alten Sitze verlassen hat, ohne je an eine Rückkehr zu denken.

Über das landwirtschaftliche Inventar, über das diese Bevölkerung verfügt, gibt folgende Tabelle Auskunft:

Lebendes Inventar Rinder	Totes Inventar			
	Pflüge	Eggen	Zweirädrige Karren	Hacken
2421	618	334	44	13

Zu dieser Ausstattung kommt noch ziemlich umfangreiches sonstiges Material hinzu: insbesondere eine Knochenmühle, zwei Erdnußschälanlagen, ein Dutzend Lastkähne aus Metall, eine Fähre und 8 Speicher.

Die Association Cotonnière (Koloniale Baumwollgesellschaft) hat außerdem dort eine kleine Baumwollentkörnungsfabrik angelegt; und schließlich sichert eine am linken Ufer bei Tienfala erbaute Fabrik für Reispräparate der Erzeugung der Ansiedlung — wie auch der von Nienebale und von Kokry — eine sachgemäße Nutzbarmachung.

Die Einnahmen des Unternehmens von Sotuba haben im vergangenen Jahre folgende Ziffern erreicht:

Paddy (nicht entschälter Reis):	
Verkäufe der landwirtschaftlichen Genossenschaft ...	2084470,— Fr.
Direkte Verkäufe ...	801855,— „
Baumwolle:	
Verkäufe der landwirtschaftlichen Genossenschaft ...	137205,20 „
Direkte Verkäufe ...	104037,50 „
Erdnuß:	
Verkäufe der landwirtschaftlichen Genossenschaft ...	230255,90 „
Direkte Verkäufe ...	52350,— „
Verschiedenes:	
Gartenbauerzeugnisse, Obst, Maniok usw. ...	P. M.
Summe:	3410173,60 Fr.

Demgegenüber verteilen sich die auf der Gesamtheit der Kolonisten ruhenden Lasten wie folgt:

Landwirtschaftsgenossenschaft:	
Annuitäten 1939 an den Credit agricole (Vertrag vom 22. September 1932) ...	303434,72 Fr.
Nachtrag zu diesem Vertrag ...	17400,— „
Beitrag zu den Kosten des Einrichtungspersonals ...	350000,— „
Neues Ackergerät ...	113000,— „
Ankauf eines Dampfdreschsatzes ...	200000,— „
Verschiedenes und Unkosten der Genossenschaft ...	85722,95 „
	1069557,65 Fr.
Kopfsteuer für Feuerwaffen und Kopfgeld für Vieh .	119229,50 „
Gesamtsumme der Lasten ...	1188787,15 Fr.

Für die Gesamtheit des Unternehmens ergibt sich mithin ein Überschuß von 2221386 Franken.

Dabei ist aber darauf hinzuweisen, daß es sich hier lediglich um den geldlichen Gewinn handelt. Jeder Kolonist versorgt sich außerdem aus der Ernte reichlich mit allem Notwendigen für seinen und seiner Familie Unterhalt und für die nachfolgende Kampagne mit Saatbeständen.

So ergibt sich, daß eine mittlere Familie von 12 Personen über Nahrungsmittel und Saat hinaus nach Zahlung aller Steuern und Beiträge einen Reingewinn in Geld von im Mittel mehr als 4000 Franken erzielt. Wenn von den Gesamteinrichtungskosten der Großanlagen derjenige Teil, der dem Bewässerungsunternehmen zur Last geschrieben wird, auf 8 Millionen Franken festgesetzt wurde — der Rest wird von der Schiffahrt und Elektrizität zu tragen sein — so scheint es unzweifelhaft, daß — nach vollendeter Rückzahlung der für die Einzeleinrichtung ihrer Wirtschaften seitens der Kolonisten beim Credit agricole geliehenen Summen — die Ansiedlung leicht in der Lage sein wird, eine Grundsteuer von 400000 Franken zu zahlen und damit das Anlagekapital mit jährlich 5% dauernd zu verzinsen.

Die Ansiedlungen im Delta

Durch diese beiden Verfahren gut vorbereitet, hat das Umsiedlungsproblem der Schwarzen in die Bewässerungsgebiete des nigerischen Deltas im Laufe der letzten Jahre den Gegenstand eines dritten Versuchs gebildet, der im wesentlichen die Erfahrungen der beiden ersteren bestätigt und erweitert hat. Dank der Ausführung von Arbeiten, die weiterhin noch näher beschrieben werden, hat man schon vor Vollendung des Stauwerks von Sansanding das Wasser des Niger zur Zeit der Flut mittels seiner natürlichen Abflüsse im Macina- und Sahelgebiet auf die Reisäcker der Gegend von Kokry und die Baumwollfelder des unteren Kalagebietes führen können. Nach manchem Hin und Her wurde ein Plan aufgestellt, nach welchem in jedem dieser beiden Gebiete 7—8000 ha zu bewässern sind. Wenn auch der Erfolg vom unregulierten Hochwasser des Niger abhängt und somit vom Zufall nicht ganz frei bleibt, so hat das Studium der Wasserverhältnisse des Niger während der letzten 30 Jahre doch ergeben, daß mit Sicherheit auf eine Zeit von mindestens 90 Bewässerungstagen (September, Oktober, November) zu rechnen ist, während deren die Ernten, die sich im Laufe der Regenmonate Juli und August entwickeln, zur Reife gelangen können.

Die Kolonisation des Deltas beginnt im Jahre 1935. Das zuerst in Angriff genommene Zentrum, das von Kokry, bildet einen Teil des Bewässerungsabschnitts Bokywere, der durch den Macinaarm gespeist wird und etwa 20 km stromauf von der Stadt Ke-Macina liegt.

Um zu verhindern, daß die Kolonisation durch bürokratische Eingriffe gestört wird, wurde die erste Dorfgründung einem vornehmen Eingeborenen übertragen, der über eine ziemlich große Anzahl von Pächtern verfügte und geneigt war, selbst im Nutzungsgebiet der Bewässerung zu bleiben. Im Jahre 1936 wurden drei weitere Dörfer errichtet, und zwar mit Einwanderern aus dem Kreise Segu, im Jahre 1937 nochmals fünf Dörfer, und zwar drei mit Bambara aus den Kreisen Macina, Segu und Bamako, das vierte mit Mianka aus den Kreisen San und Kutiala und das letzte mit Mossi aus der Gegend von Uahiguya. 1938 wurden wiederum zwei Dörfer, das eine mit Bambara, das andere mit Mossi, besiedelt, und schließlich im Jahre

1939 wiederum ein Mossidorf und ein letztes mit Marka aus der Gegend von Tugan.

Die Bevölkerung dieses Ansiedlungsgebietes beläuft sich zur Zeit auf 5268 Einwohner, die sich der Rasse nach wie folgt verteilen:

Bambara, die aus Dörfern zugewandert sind, die 50—250 km vom Ansiedlungsgebiet entfernt liegen	3390	Einwohner
Minianka aus den Kreisen San und Kutiala: Entfernung 100 bis 150 km	490	,,
Marka aus dem Kreise Tugan: Entfernung 350 km	341	,,
Mossi von Uahiguya: Entfernung 450 km	1047	,,

Die Gewinnung von Minianka, Marka und Mossi als Zuwanderer stellte eine Neuheit dar. Um die Verpflanzung landwirtschaftlicher Bevölkerungsteile aus den zu dicht gesiedelten Gegenden des Nigerbogens vorzubereiten, hatte Yatenga-Naba, der Chef der nördlichen Mossi, mit seinem Gefolge im Jahre 1935 das Bewässerungsgebiet von Kokry besucht. Sehr zufrieden mit dem, was er gesehen hatte, gab er bei der weiteren Propaganda unter seinen Leuten unseren Beauftragten jede erdenkliche Hilfe. Die Abwandernden bleiben jedoch verwaltungsmäßig seinem Stamme verbunden. Aus diesem Grunde ist in den Siedlungsplänen des Abschnittes Bokywere ein genau abgegrenzter Teil den Kolonisten aus diesem Stamme vorbehalten worden.

Die Besiedlung eines zweiten Zentrums — bei Niono im unteren Kalagebiet, Teil des Bewässerungsgebietes des Sahel — wurde erst 1937 begonnen und konnte mit gleicher Leichtigkeit durchgeführt werden. Die Siedler waren zunächst ausschließlich Bambara. Sie zählten im letzten Jahre 1428 Personen, die sich auf drei Dörfer verteilten. Eins derselben hat — und zwar auf einstimmige Bitte seiner Einwohner — seine alten Sitze und Äcker im oberen Kala verlassen, um sich in dem neuen Bewässerungsgebiet anzusiedeln. Im Jahre 1939 hat sich das Zentrum weiter um 1000 Einwanderer vermehrt, im wesentlichen Bambara und maurische Mischlinge aus dem Kreise Macina.

Im Jahre 1938 hatten sich bei einer Verlosung, die insgesamt einen Zuzug von 2400 Personen für die beiden Zentren vorsah, 4000 Kandidaten gemeldet. Diese Zahl hatte sich im Jahre 1939 für eine Verlosung gleicher Größenordnung nach einer Propagandakampagne von noch nicht 3 Monaten auf rund 7000 erhöht. Es ist nicht nötig, auf diese Ergebnisse besonders hinzuweisen, um zu begreifen, was aus ihnen folgt: Nach 10 Jahre langem Studium dieses Problems — dessen Lösung für die Zukunft des nigerischen Deltas bestimmend sein wird —

ist es heute nicht mehr erlaubt, die Möglichkeit zu leugnen, daß man den schwarzen Landwirt, wenn ihm günstige Existenzbedingungen geboten werden, dazu bringen kann, daß er sich — und zwar für Dauer — verpflanzen läßt. Im übrigen ist seine Beweglichkeit bereits seit langem erwiesen.

Das Beispiel von Gezira

Am nördlichen Ende der Provinz des blauen Nil mit einer Oberfläche von 112000 qkm und einer Bevölkerung von 835000 Seelen (Dichte 7,5) liegt die Ebene Gezira. Diese wüstliegende Ebene hat verblüffende Ähnlichkeit in all ihren wesentlichen Eigentümlichkeiten

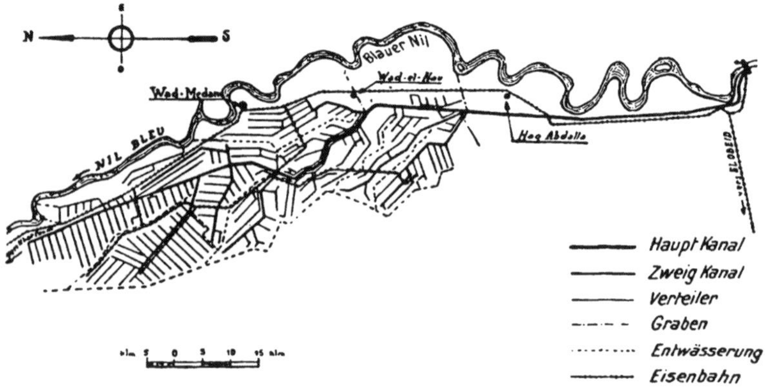

Abb. 16. Karte von Gezira

mit den Gebieten am Nigerbogen. Es ist bemerkenswert, daß die vier Kreise Segu, Macina, San und Mopti, die das nigerische Delta ostwärts umgeben, in ihrer Gesamtfläche (140000 qkm) wie in ihrer Bevölkerung (855000 Seelen) und in ihrer Bevölkerungsdichte (6,1 je Quadratkilometer) ein Gebiet ganz gleicher Größenordnung darstellen.

Im Jahre 1911 mit Hilfe von kleineren Pumpwerken begonnen, hat der eigentliche Aufschwung in der Nutzbarmachung des Gezira-gebietes erst im Jahre 1925 eingesetzt, nachdem man die große Talsperre von Makhwar am blauen Nil vollendet hatte und von dort das Wasser zuleitete. Flächenmäßig stellt sich das Fortschreiten der Nutzländereien wie folgt dar:

1911—1912	100 ha
1916—1917	1800 ha
1921—1922	4000 ha
1926—1927	126000 ha
1931—1932	280000 ha
1936—1937	325000 ha

Woher sind nun die Siedler gekommen, die sich in wenigen Jahren auf diesen Ländereien zusammengefunden haben? Und vorweg: welches ist ihre Zahl? Die Statistik des „Sudan Plantation Syndikate" (die Gesellschaft, der die örtliche Verwaltung die landwirtschaftliche Nutzbarmachung des Gebietes übertragen hat) liefert zu diesem Punkte genaue Angaben. Im Jahre 1936/37 betrug die Zahl der Kolonistenfamilien, die innerhalb des Bewässerungsgebietes wohnten, 20585. Von ihnen waren 5484 bereits vor Inangriffnahme der Bewässerungsarbeiten im Gebiete ansässig; 11659 waren aus anderen Teilen der Provinz des blauen Nil herangezogen worden; 1023 stammten aus der westlich anschließenden Provinz, und zwar aus Gebieten, die von der Ebene von Gezira ebensoweit getrennt liegen, wie das Mossiland vom nigerischen Delta; 881 waren aus noch weiter abgelegenen Gegenden des englischen Sudan gekommen, und 2568 stammten aus Britisch-Nigeria und Französisch-Zentralafrika. Rechnet man die Eingeborenenfamilie im Mittel mit 12 Personen, wie es den wenig wechselnden Verhältnissen des geographischen Sudan entspricht, so ergibt dies nach zehnjähriger Indienststellung der Talsperre von Makhwar für das Geziragebiet eine Bevölkerung von 250000 Einwohnern. Da die ursprüngliche Bevölkerung dieser Ebene — auf gleicher Grundlage berechnet — nicht mehr als 65000 Einwohner betrug, bedeutet dies, daß während dieses Zeitraumes 185000 Seelen zugewandert sind. Was im englisch-ägyptischen Sudan mit Hilfe einer landwirtschaftlichen Bevölkerung möglich war, die nach Rasse und Lebensweise derjenigen des westlichen Sudan gleich steht, das muß doch zumindest eine zusätzliche Bestätigung von großem Gewicht für die Möglichkeit der Durchführung des Bevölkerungsprogrammes und des Verwertungsplanes, wie er für das nigerische Delta ins Auge gefaßt ist, bilden: es wird genügen, einen Bruchteil der sudanischen Bevölkerung in jährlich hinreichender Zahl in das Bewässerungsgebiet zu überführen, um in nicht allzu langer Frist aus diesem Gebiet ein solches von größtem Werte zu machen.

Man möge nicht glauben, daß die Engländer ihren eingeborenen Siedlern materielle Vorteile zukommen lassen, die man denen am Niger nicht auch gewähren könnte; die Tatsachen beweisen vielmehr das Gegenteil. Im englisch-ägyptischen Sudan führt das „Sudan Plantation Syndicate" die Rodung, die Nivellierung, die erste Ackerbestellung und teilweise auch die Kleindrainage selbst durch. Aber sie versorgt die Kolonisten weder mit Wohnungen, noch mit Vieh, noch mit Lebensmitteln bis zur ersten Ernte. Die Zuwanderer erbauen vielmehr auf ihrem Los selbst eine notdürftige Unterkunft, in der sie während der Zeit der Vorbereitungsarbeiten hausen. Erst seit ganz kurzem ist man von dieser groben Methode abgekommen und hat versuchsweise einen für die Landwirte günstigeren Weg eingeschlagen. Das Syndikat hat, um den Kolonisten von ihrer Ankunft an Wohnung zu bieten, auf bereits umgebrochenem Boden selbst Dörfer errichtet. Die Unterkunft besteht in einer einfachen Überdachung nach der Art, wie man in Französisch-Westafrika bei militärischen Übungen die Manöverzelte aufbaut. Darüber hinaus werden die Siedler fortschreitend mit einem Viehstapel ausgestattet, der es ihnen möglich macht, selbst die ersten Ackerarbeiten, die bisher mit der Maschine vorgenommen wurden, auszuführen. Diese Vorteile sind im übrigen keineswegs unentgeltlich; der Kolonist muß vielmehr zum Ausgleich eine Summe von 20 Piastern für Hütte und Jahr bezahlen.

Die Hilfe ist mithin für den Kolonisten keineswegs besonders reizvoll. Jedenfalls ist sie es sehr viel weniger, als die, die man den Nigerkolonisten gewährt. Letztere erhalten in ihrem neuen Dorf eine Wohnkonzession von 1000 qm, ausgestattet mit einer hinreichenden Zahl von Hütten und eingeschlossen durch die Anfänge einer Umfassungsmauer. Ihre Überführung — sofern sie von weither kommen — wird mit Motorlastwagen unentgeltlich bewerkstelligt. Bei ihrer Ankunft finden sie die nötigen Saaten für ihre erste Ernte und alle Lebensmittel, die sie bis zu deren Hereinbringung nötig haben, bereits vor. Als Inventar stellt man ihnen je Familie das nötige Ackergerät und eine Anzahl Ochsen, die gegen die gefährlichsten Seuchen geimpft und teilweise schon eingefahren sind, zur Verfügung.

Diese Vorbereitung und Ausstattung ebenso wie die in saatfertigem Zustande — gerodet, gepflügt und drainiert — zur Verfügung gestellten Ländereien rechtfertigen vollauf, daß man den Kolonisten eine besondere Grundsteuer auferlegt, sobald die Nutzung ihnen einen entsprechenden Ertrag sichert. Und ein letzter Unterschied: während die Kolonisten von Gezira Pächter bleiben, werden die im Delta am Ende eines gewissen Zeitablaufes wirkliche Eigentümer ihrer Stellen.

Wir haben weiter oben gesehen, daß eine mittlere Familie von 12 Köpfen aus ihrer Nutzung in Sotuba im Laufe des letzten Jahres einen Reingewinn in Geld von mehr als 4000 Franken gezogen hat. Im Geziragebiet erhält der Kolonist auf 100 kg Baumwollernte 40, die Regierung 35 und das Syndikat 25 Anteile. Da jedes Los 12 ha umfaßt und hiervon $2^1/_2$ ha mit Baumwolle bebaut werden, und da weiter der Ertrag an Faser sich gewöhnlich zwischen 350 und 400 kg bewegt, erhebt sich der Anteil des Kolonisten an der Ernte bis zu

400 kg Baumwolle, die am Orte einen Wert von 3500 Franken haben (berechnet nach den Preisen von 1939). Von dieser Summe hat er die Miete seiner Wohnung abzusetzen, ebenso den Preis der zusätzlichen Nahrung, die er kaufen muß, und in der Mehrzahl der Fälle, wenn es sich um jüngere Familien handelt, den Lohn für die Taglöhner, die er während der Ernte zu bezahlen hat. Seine Lage ist also bei weitem nicht so vorteilhaft, wie die der Kolonisten von Sotuba. Trotzdem muß man annehmen, daß sie die Leute zufrieden stellt, denn sie hat genügt, um in 10 Jahren eine Zuwanderung von 200000 Personen in das Gebiet von Gezira zu veranlassen.

Es ist in diesem Zusammenhange nicht überflüssig, daran zu erinnern, daß die Verwirklichung des Bewässerungsprojektes von Gezira eine der wichtigsten Maßnahmen in der Baumwollpolitik Englands darstellt. Eingeleitet am Anfang des Jahrhunderts, als die industrielle Entwicklung der Vereinigten Staaten fürchten ließ, daß die britischen Webereien in Kürze über den nötigen Rohstoff nicht mehr würden verfügen können, wurde die Baumwollkultur nach dem großen Kriege in allen Kolonialgebieten, soweit sie ihr günstig waren, eingeführt oder verstärkt. Im englischen Sudan insbesondere brachte die Londoner Regierung den Wunsch, diese Erzeugung zu entwickeln, dadurch zum Ausdruck, daß man der örtlichen Regierung die Erlaubnis gab, zu diesem Zwecke eine Anleihe von zunächst 13000 Pfund Sterling zu sehr herabgesetzten Zinssätzen aufzunehmen. Die Ergebnisse dieser Politik liegen auf der Hand; im Jahre 1920 war die Baumwollerzeugung des ägyptischen Sudan so gut wie null; sie erreichte in den letzten Jahren 40000 t, deren Wert sich in Liverpool auf nicht weniger als 500 Millionen Franken beläuft.

VI. Die Arbeiten im Zentraldelta

Allgemeines

Flußabwärts von Sansanding verliert das Nigertal die für Erosionstäler charakteristische Form der Senke, um das in umgekehrtem Sinne laufende Profil der Deltaformation anzunehmen. Statt wie bisher Zuflüsse zu empfangen, entsendet nunmehr der Strom nach rechts wie nach links einen Teil seiner Wasser in einer Anzahl von Seitenarmen, die sich in Form eines Fächers in das Auffangbecken der Seenregion entleeren.

Auf dem rechten Ufer münden bisher noch wenig erforschte Seitenarme in den Bani. Nach links vereinen sie sich im Debosee. Eine

Anzahl dieser Arme — die Tatsache wurde schon einmal vermerkt — ist heute vollkommen ausgetrocknet. Die Entdeckung dieses sogenannten toten Teiles des Deltas ist erst 15 Jahre alt.

Die Reisenden, die früher das Land besucht haben, waren erstaunt über die ungeheuren Möglichkeiten der Bewässerung, die das lebendige Delta ihnen zu bieten schien, d. h. das Gebiet, in dem das Hochwasser sich noch heute alljährlich im Herbst ausbreitet. Es wollte ihnen ebenso leicht erscheinen, diese Zone gegen die wilden Überschwemmungen zu schützen, wie sie mittels der bekannten Bewässerungsmethoden regelmäßig zu bewässern. Oft genug angedeutet, wurden diese Möglichkeiten dennoch zum ersten Male in dem Bericht der Studienkommission des Jahres 1919/20 genauer beschrieben. Nach den darin getroffenen Feststellungen war das mittlere Nigergebiet wohl geeignet, mit einem landwirtschaftlichen Bewässerungssystem ausgestattet zu werden, das bestehen würde:

1. aus einem oberen System, das auf dem rechten Ufer die Hochebenen von Segu versorgt, und

2. auf dem linken Ufer aus einem unteren System, das weite Gebiete nördlich von Sansanding umfaßt.

Das letztgenannte System ließ sich bei entsprechender Eindeichung des Stromes durch ein Stauwerk versorgen, das im Knick des Niger dicht oberhalb Sansanding einzubauen war und dessen Zweck es sein sollte, die völlig im Gebiet des lebendigen Deltas liegende Provinz Macina der Bewässerung zugänglich zu machen.

Entscheidend beeinflußt wurde diese erste Planung durch die Entdeckung des weitausgedehnten Sahelgebiets des Deltas. Mit einem Schlage trat damit das gesamte untere Bewässerungsgebiet in den Vordergrund des Interesses. Sein Studium hatte nunmehr folgende Unterteile zu berücksichtigen:

ein ins einzelne gehendes Projekt des Hauptableitungswerkes, das im Niger zu errichten war;

ein gleichfalls ins einzelne gehendes Projekt der Bewässerungsanlagen der zunächst gelegenen 100000 ha, die dieses Werk mit Wasser versorgen konnte;

ein Vorprojekt für die wasserwirtschaftliche Einrichtung der weiteren bewässerbaren Ländereien zwischen dem Ableitungswerk und der Seenzone;

ein Projekt der landwirtschaftlichen Besiedlung des zu gewinnenden Landes.

Das Projekt von 1929

Wasserwirtschaftliches

Der Niger ist ein tropischer Strom, der von April bis November durch die von Südwest wehenden Regenmonsune gespeist wird. Die vom oberen Einzugsgebiet herabkommende Flutwelle kann in seinem mittleren Laufe durch ein dort eingebautes mächtiges Bewässerungssystem während der Zeit von Anfang Juni bis Ende Januar genutzt werden. Dieser zeitgebundene Charakter seiner Wasserspeisung zwingt also zur Errichtung halbpermanenter Wasserwerke.

Man kann dem Niger bei Sansanding folgende Wassermengen entnehmen:

a) Vom 15. Juni bis 15. Januar eine nach den Jahren schwankende Menge von 450—600 cbm/sec.

b) Vom 15. Juni bis 15. Dezember eine zusätzliche Menge von gleichfalls je nach den Jahren 450—600 cbm/sec.

Da der Gehalt an Senkstoffen im Nigerwasser praktisch gleich Null ist, gestattet der Strom die etappenweise Ausführung des Netzes von Zubringer- und Bewässerungskanälen im Gleichschritt mit der fortschreitenden Besiedlung, ohne daß das System Gefahr läuft, durch Verschlammung zu leiden.

Die schwache Dichte der Bevölkerung im Nigergebiet zwingt dazu, bei der Nutzbarmachung der zu bewässernden Ländereien von der menschlichen Arbeitskraft den sparsamsten und andererseits wirksamsten Gebrauch zu machen. Es kommt nur eine Bewässerung mit natürlichem Gefälle in Frage. Jedes System mechanischer Hebeeinrichtungen, bei denen irgendwie die Anwendung von Menschenkraft notwendig wäre, ist zu vermeiden, um diese letztere nicht notwendigeren Beschäftigungen zu entziehen, in denen sie nach Lage der Dinge nicht ersetzbar ist.

Landwirtschaft und Viehzucht

Alle Lebensmittelkulturen der Eingeborenen können von der Bewässerung Nutzen ziehen. Sie allein kann sie gegen die periodische Dürre schützen und die Erträge nennenswert steigern.

Die Reiskultur im Macinagebiet erfordert eine Bewässerungsperiode, die mit dem 15. Juli beginnt und mit dem 15. Dezember endet. Die Wassermengen, die der Niger während dieser Zeit mindestens zur Verfügung stellt, erlauben, auf einer Fläche von mehr als 500000 ha Reis anzubauen.

Die Baumwollkultur auf den im Überschwemmungsbereich liegenden Ländereien benötigt die Bewässerung während einer Zeit, die frühestens in der 2. Hälfte des Juni beginnt und spätestens in der 2. Hälfte des Januar endet. Während dieser 7 Monate führt der Niger — über die für die Reiskulturen benötigten Mengen hinaus — hinreichend Wasser, um eine Fläche von 450—650000 ha an solchen Kulturen zu bewässern.

Die übrigen Kulturen, die im Fruchtwechsel mit dem Reis und der Baumwolle stehen, erzeugen im wesentlichen Futtermittel. Sie können ebensowohl zur Ernährung eines Viehstapels dienen, der in Stallungen oder Hürden gehalten wird, wie andernfalls durch Wanderweide genutzt werden.

Die Rinderherden Macinas haben dementsprechend Zugtiere zu liefern, die aufgestallt werden, und Weidevieh, das in der trockenen Jahreszeit in die Bewässerungsgebiete einwandert, um sich dann während der Regenzeit nach bestimmten Regeln auf die natürlichen Weiden des Kokeri-, Kareri- und Farimakegebietes zu verteilen.

Die Schafe sind im Sahelgebiet im Pferch unterzubringen. Sie leben während der Regenzeit in den Dünengebieten, die im Norden das Mema-, Kareri- und Kurumarigebiet begrenzen und finden während der Trockenzeit auf den feuchteren Wanderweideplätzen dieser Provinzen ihre Nahrung.

Da Stalldünger für die Erzeugung von Baumwolle unerläßlich ist, wird — sobald man diese Kultur ins Auge faßt — die Haltung von Rindern und Schafen notwendigerweise damit verbunden.

Kolonisation

Es ist als bewiesen anzusehen, daß die Hauptmasse der für das Delta notwendigen Kolonisten von der landwirtschaftlichen Eingeborenenbevölkerung von A. O. F. gestellt werden kann.

Bewässerungsanlagen

Die wasserwirtschaftliche Ausrüstung des Zentraldeltas umfaßt folgende Einzelarbeiten:

A. Ein Regulierungsstauwerk, das oberhalb von Sansanding am Ausgangspunkt des Deltas über den Fluß hin errichtet wird;

B. Ein Bewässerungssystem — das des Macinakanals — das durch das Regulierungswerk gespeist wird, und das unter Mitbenutzung des natürlichen Abflusses von Sansanding 450000 ha an Reisländereien und 100000 ha an Baumwolländereien versorgen wird, Flächen, die sämtlich auf dem linken Ufer des Flusses gelegen sind und sich überall oberhalb des Niveaus des Seensammelbeckens zu Zeiten seines Höchststandes befinden.

C. Ein zweites Bewässerungssystem — das des Sahelkanals — das gleichfalls von demselben Stauwerk gespeist wird, und das mit Hilfe des regulierten Sahelarmes rund 410000 ha Baumwolländereien im Kala-, Kurumari-, Kareri-, Farimake- und Memagebiet versorgen wird;

D. und schließlich auf dem rechten Ufer ein drittes Bewässerungssystem — das des Karadugukanals — das gleichfalls durch dasselbe Werk gespeist wird, und das eine zur Zeit noch nicht bestimmbare Fläche von für Reisanbau geeigneten Ländereien umfassen wird.

Die beiden Bewässerungssysteme, die durch die großen Zubringerkanäle des Macina und des Sahel gespeist werden, waren wie folgt vorgesehen:

Bewässerungssysteme	Baumwoll-ländereien ha	Reis-ländereien ha
Macina-Kanal:		
Reisquartiere am linken Ufer des Niger und Diaka	—	155000
Reisquartiere zwischen Niger und Diaka	—	210000
System von Kareri	100000	85000
Sahel-Kanal:		
System von Oberkala (Sansanding)	60000	—
System von Unterkala (Molodo)	60000	—
System von Kurumari	80000	—
System von Farimake	80000	—
System von Mema	130000	—
Summa:	510000	450000
Gesamtoberfläche der auf dem linken Nigerufer bewässerbaren Ländereien	960000	

Endgültige Pläne

Die verschiedenen Studien, die sich seit Aufstellung des Projektes in ununterbrochener Reihe gefolgt sind, haben im wesentlichen die gemachten Vorschläge bestätigt. Die Arbeiten zur Topographie und Nivellierung haben sogar ergeben, daß noch weitergehende Möglichkeiten aufgetaucht sind. Auf der Gesamttafel des Projektes von 1929 zeichneten sich zwischen dem Kala- und Kokerigebiet 2 Höhenlinien ab, die von N nach S und von SW nach NO liefen, und über die hinweg keinerlei Durchbruchsmöglichkeit erkennbar erschien, die gestattet hätte, die Wasser des einen oder des anderen der beiden Abflüsse in diese Gebiete einzuführen. Die Arbeiten im Gelände haben dagegen in den letzten Jahren zu der Entdeckung geführt, daß in jeder dieser Höhenketten sich Durchlässe finden, durch die die Wasser des Niger auch in jenes Gebiet Einlaß finden können. Die Oberfläche der darin für Baumwolle geeigneten Ländereien beläuft sich wahrscheinlich auf mehr als 150000 ha.

In dem oberen Bett des Sahelkanals hat sich die Dreiteilung — von S nach N — in Oberkala, Unterkala und Kurumari durch die Ergänzungserhebungen als gerechtfertigt erwiesen.

Man kann schon heute voraussehen, daß nach Vollendung der im Gange befindlichen kartographischen Studien (voraussichtlich 1942) sich herausstellen wird, daß in der Gesamtfläche der bewässerbaren Gelände, die in dem Plan von 1929 berücksichtigt waren, die anfangs vorgesehene Fläche an Baumwolländereien um mehrere Hunderttausend Hektar größer sein wird als angenommen.

Auch vom landwirtschaftlichen Betriebsstandpunkt aus müssen einige Einzelheiten gegenüber der Planung von 1929 verändert werden. So wird es angebracht sein, daß die Bewässerung der Reisfelder schon Ende November beendigt wird, und nicht erst im Dezember, und zwar deshalb, weil um diese Zeit bereits Frostschäden auftreten. Andererseits wird man mit der Bewässerung der Baumwollfelder Ende Juli und nicht schon Mitte Juni beginnen müssen, um sie dann Ende Januar, besonders bei den amerikanischen Sorten, zu beenden. Vorausgesetzt, daß Baumwolle im dreijährigen Turnus angebaut werden soll, würden die Wassermengen des Flusses es ohne Schwierigkeit gestatten, die Gesamtheit der dieser Pflanze zusagenden Flächen von Anfang bis Ende ihrer Vegetationszeit mit Wasser zu versorgen.

Für die Versorgung mit Kalkphosphaten hatte man — mangels bekannter örtlicher Vorkommen im Nachbargebiete selbst — die Einfuhr aus Marokko im Vorprojekt ins Auge gefaßt. Die Entdeckung von Phosphatlagern bei Tamagilel in der saharischen Zone des Issa-Ber-Flusses — Vorkommen, deren Bedeutung sicherlich die Zahl von 20 Millionen Tonnen nach einer zunächst angestellten Berechnung überschreitet — löst diese Frage in vollständigster und wirtschaftlichster Weise. Es ist in der Tat leicht, mittels eines gut organisierten Förder-, Transport- und Schrotungsunternehmens den Bauern den Dünger aus diesen Lagern zu 250 Franken je Tonne zu liefern.

Die Verwirklichung des Gesamtplanes der Einrichtung und Nutzung des Nigerdeltas ist nur etappenweise möglich. Das erste Arbeitsprogramm mußte natürlicherweise die Herstellung der großen Wasserfangwerke am Niger, die Zuleitung zu den weiten Ebenen des Sahel- und Macinadeltas und die Schutzanlagen umfassen, die die letztere Provinz gegen die jährlichen natürlichen Überschwemmungen zu bewahren hatten. Die in diesem Programm enthaltenen Arbeiten verteilten sich wie folgt:

Natur der Anlagen	Baukosten in Franken[1])
Hauptwerk von Sansanding und seine Nebenwerke	161016627,96
Hauptzubringer-Kanal	35725706,86
Macina-Kanal bis zum Ausgangspunkt der Bewässerungsanlagen dieser Provinz	33838048,62
Sahel-Kanal bis zur Einmündung in die Provinz Kurumari .	30768153,97
Ankauf der schweren Maschinenausrüstung	40000000,00
Zusammen:	301348537,41
Abzusetzen sind:	
Bereits in Gebrauch befindliches Material und schon früher ausgeführte Arbeiten	33000000,00
Bleiben:	268348537,41
Zuschläge	31651462,59
Gesamtsumme:	300000000,00

Ausführung des Projekts

Enthalten im Programm für die großen öffentlichen Arbeiten des Gesamtgebietes A.O.F., die mittels eines Gesamtkredites von 1500000000 Franken, eröffnet durch das Anleihegesetz vom 22. 2. 31, in Angriff genommen werden konnten, wurde die Durchführung des Projekts unverzüglich ins Werk gesetzt. Genauer gesagt, war die Eindeichung des Macinakanals bereits aus Mitteln des Generalbudgets der Kolonie begonnen worden, um auf diese Weise die Überschwemmungsgebiete des oberen Deltas, die von den Eingeborenen der Unsicherheit ihrer Erträge wegen verlassen worden waren, vor der Überflutung zu schützen. Die dafür erforderlichen Erdarbeiten hatten überdies Gelegenheit gegeben, endlich Großkraftmaschinen im Sudan einzuführen, mit deren Hilfe man ein Personal heranziehen konnte, das dann bei der Durchführung des Hauptprojektes ohne Zeitverlust nutzbar gemacht werden konnte. Als dessen Beginn genehmigt wurde, war der Arbeitsapparat bereits seit mehreren Jahren in Übung und verfügte über einen Stab von wohlerfahrenen Leitern und von Spezialarbeitern mit einer soliden beruflichen Ausbildung.

Von Anbeginn an waren die Arbeiten in 2 Hauptgruppen geteilt: einerseits die eigentlichen Erdarbeiten einschließlich der Wasser- und Kanalleitungswerke zweiter Ordnung; andererseits das Stauwerk und seine Neben- und Regulierungswerke am Kopf des Sahel- und des

[1]) Die Frankenwerte beziehen sich auf einen Anschlag, der vor der letzten Abwertung des französischen Franken 1935—1937 lag. Schon aus diesem Grunde werden diese Ziffern endgültig in etwas überschritten werden.

Macinakanals. Die Ausführung der erstgenannten Arbeiten wurde dem Service temporaire des Travaux d'Irrigation du Niger (S.T.I.N.) übertragen. Man sparte die Vergebung der zweiten auf, bis die Errichtung des endgültigen Stauwerkprojektes abgeschlossen sein würde. (Hierzu waren noch zusätzliche Studien notwendig, die besonders festzustellen hatten, welcher Art der Untergrund war.)

Es stand so im Jahre 1932 fest, daß der Bau des Stauwerkes vor dem Jahre 1934 kaum begonnen werden konnte. Da dieser Bau mindestens 5 Arbeitskampagnen notwendig machte, folgte weiter daraus, daß das Werk vor 1940 nicht in Dienst gestellt werden konnte. Bis dahin mußten der Zubringerkanal ebenso wie die oberen Teile des Macina- und des Sahelkanals beendet sein, so daß das Nigerwasser — wenigstens während der Zeit der Flut — die Ländereien, die am Ende dieser Zuführungsbetten gelegen waren, ungehindert erreichen konnten, und zwar auf einem Niveau, das genügend niedrig lag, um während einer gewissen Zeit mit Regelmäßigkeit überschwemmt zu werden. Solche Überlegungen führten dazu, die Reihenfolge der Erdarbeiten so zu gestalten, daß eine gewisse Nutzbarmachung der beiden Kanäle vorweg möglich wurde. Demgemäß wurden sofort die nötigen Kredite mit angefordert, um die entsprechenden Bewässerungskulturen und Siedlungsarbeiten finanzieren zu können. Weiter unten werden diese Maßnahmen noch näher beschrieben werden.

Um auf das Programm der Hauptwasserwerke zurückzukommen, so umfaßte die Durchführung dieser Werke folgende Einzelarbeiten:

a) Regulierungsstauwerk von Sansanding (Diamarabugu);
b) Schiffahrtskanal von 8 km Länge auf dem rechten Ufer des Niger;
c) Hauptkanal von 8 km Länge auf dem linken Ufer des Flusses;
d) Macinakanal, abgezweigt vom Hauptkanal;
e) Sahelkanal, gleichfalls abgezweigt vom Hauptkanal;
f) Zuendeführung der Eindeichungsarbeiten am Niger.

Eine kurz zusammengedrängte Beschreibung der einzelnen Werke möge folgen:

Regulierungsstauwerk von Sansanding

Zunächst in eigener Regie begonnen, ist der Bau des Regulierungsstauwerkes von Sansanding und seiner Nebenwerke seit 1935 durch Kontrakt einem Unternehmerkonsortium übertragen worden, das unter Gewinnbeteiligung des Staates und mit besonderen Prämien für Einsparungen arbeitet. Dieses Konsortium umfaßt folgende Unternehmen:

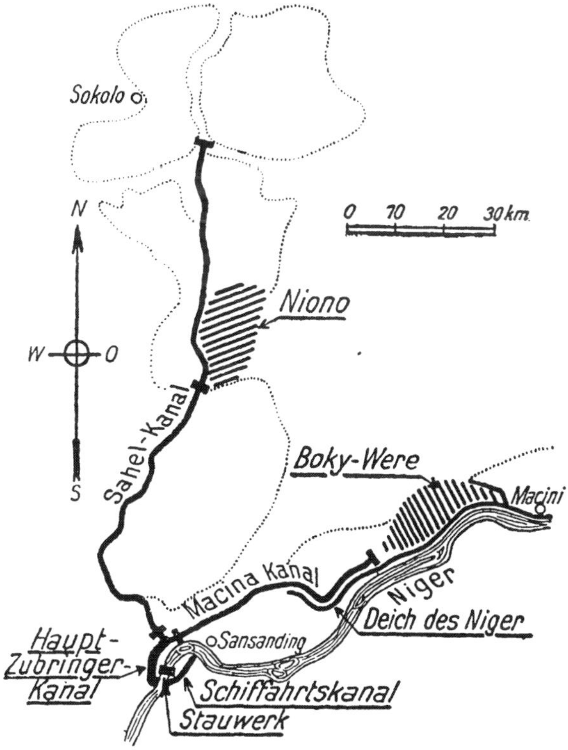

Bewässerungsflächen des Übergangsprogramms

Verlag Walter de Gruyter & Co., Berlin W 35
Dcko III. Zu Bélime, Das innere Nigerdelta

Société Nationale de Travaux Publics. — Etablissements Meunier et Cie. — Société de Construction des Batignolles.

Die Jahre 1934 und 35 waren damit ausgefüllt, das Widerlager des Hauptwerkes am rechten Ufer, die Erschließung von Steinbrüchen und den Bau von Wohngebäuden für das europäische und eingeborene Personal, sowie endlich die Vergrößerung der Materiallager und der Werkstätten vorzunehmen. 2 Jochweiten des Werkes wurden im Jahre 1936 erbaut, 3 weitere im Jahre 1937. 1938 wurden ausgeführt: der Schutzdeich für die Bauplätze zur Konstruktion der anderen Jochweiten und die Erdarbeiten sowie die Entfelsung des Grundterrains. Da die Jochweiten 6—11 im Laufe der letzten Arbeitskampagne errichtet worden sind, bleibt als Mauerwerk nur noch zu errichten übrig: 3 Schleusenböden, 2 Pfeiler und das Widerlager am linken Ufer. Diese Arbeiten sind auf dem Wege der Vollendung.

Die Metallbrücke oberhalb der 11 Jochweiten ist ebenfalls bereits fertig. Man hat begonnen, die festen Teile der Schotten einzusetzen; letztere selbst werden im nächsten Jahre eingefügt werden. Der feste Teil der eigentlichen Wasserstauvorrichtung ist damit in Angriff genommen und wird 1941 fertig werden; ebenso der Nebendamm zum Schutze des Hauptzubringerkanals.

Schiffahrtskanal

Dieser Kanal wird die beiden Betten des Niger, die durch den Stau des Werkes voneinander getrennt wurden, erneut in kontinuierliche Verbindung bringen. Der Abzweigungspunkt liegt 1900 m stromauf vom Hauptwerke. Der Kanal vereint sich wieder mit dem Flusse jenseits des Knickes von Sansanding. An seinem Beginn ist ein bewegliches Wehr vorgesehen und stromabwärts an seinem Ende eine Schleuse, deren Sammelbecken 63 m lang und 10 m breit ist, und das damit in der Lage ist, die größten Fahrzeuge, die auf dem Flusse vorkommen, aufzunehmen. Selbst bei niedrigstem Wasserstand ist die Schleuse in der Lage, mit einer Wassertiefe von etwas über 4 m zu arbeiten. Der Kanal selbst ist auf der Horizontalen von 296 mm über dem Meeresniveau gebaut und hat — auf dem Grunde gemessen — eine Breite von 16 m. Schleuse, Wehr und Kanal werden in einigen Monaten fertig sein, und können bereits für die nächste Flutzeit in Dienst gestellt werden.

Der Hauptzubringerkanal

Nach vollständiger Herstellung wird dieser Hauptkanal — auf dem Grunde gemessen — eine Breite von 100 m haben, und kann bei 5 m Wassertiefe an seinem Einlaß nahezu 500 cbm/sec Wasser liefern.

Zur Zeit ist der Kanal bereits in seiner ganzen Länge (8 km) offen, aber nur auf halbem Ausmaß seiner Breite. In der Mitte hat man Bodenmassen stehen lassen, die erst später wirtschaftlicherweise mit Hilfe einer Baggermaschine beseitigt werden, und zwar in dem Maße, wie das Bedürfnis für die Bewässerung wachsen wird. Außer dieser Arbeit, die an sich von geringer Bedeutung, aber etwas langatmig ist, und die man besser unter die Arbeiten der letzten Vollendung auf die Zukunft verschiebt, bleibt an diesem Hauptzubringerkanal fertig zu machen übrig: Das Abböschen der seitwärts aufgeworfenen Erdmassen, wie die Befestigung dieser Böschungen, soweit dies an bestimmten Gefahrenpunkten notwendig wird. Diese Arbeiten wie ebenso der Nebenschutzdeich dieses Kanals werden im Laufe der letzten Arbeitskampagne ausgeführt werden.

Macinakanal

Dieser Teil des Gesamtwerkes ist, soweit er im Arbeitsprogramm vorgesehen war, fertiggestellt. Die Breite — immer gemessen auf dem Grunde — im oberen Bett, das den Hauptkanal mit dem natürlichen Abfluß verbindet, ist jedoch auch hier vorläufig auf die Hälfte, d. h. in diesem Falle 25 m, beschränkt worden, was die Lieferung von 200 cbm/sec ermöglicht. Die spätere Verbreiterung wird im Gleichschritt mit der Ausdehnung der Kulturen vorgenommen werden.

Der Macinakanal ist im Jahre 1935 erstmalig unter Wasser gesetzt worden. Am 22. August erreichte die Flut des Stromes Kolongotomo, und stieß mit voller Versorgungshöhe in die Verteilerkanäle von Kokry und Bokywere vor, die dortigen Reispflanzungen mit dem nötigen Wasser versorgend. Die im Laufe dieser Kampagne getroffenen Feststellungen, ebenso wie die der nachfolgenden, haben die Richtigkeit der Vorschläge des Projektes bestätigt. Es ist als Abschlußarbeit nur noch ins Auge zu fassen, die Böschungen an den während der Sturzregen vom Wasser bedrohten Punkten zu schützen.

Über die Wasserundurchlässigkeit dieses bedeutenden Zweigkanals sind im Laufe der letzten Jahre Beobachtungen angestellt worden. Die Versickerung zwischen dem Wasserfangwerk und Kolongotomo (67 km) ist schwach. Sie überschreitet nicht 3 cbm/sec und entspricht einer täglichen Senkung des Wasserspiegels von 12—13 mm.

Sahelkanal

Gleichermaßen wie der Macinakanal hat der künstliche Teil des Sahelkanals eine provisorische Breite von 25 m auf dem Grunde gemessen und ist damit ebenfalls auf die Mitte der endgültigen Breite beschränkt. 24 km lang, ist dieser Teil im Jahre 1935 vollendet worden. Die Ausbesserungsarbeiten und die Eindeichung des natürlichen Nigerarmes sind bis auf 63 km vorgetragen, bis in die unmittelbare Nähe von Niono, da, wo das Bewässerungssystem des unteren Kala beginnt. Dort ist also der Punkt, wo für dieses System das Stauwerk und die Wasserableitung zu errichten sind. Der Bau des Bettes des Sahelkanals bis zum Eintritt in das unterhalb anschließende System von Kurumari ist im Anleiheprogramm mit berücksichtigt worden. Die Ausführung, die 3 Jahre dauern wird, wird 3 Millionen cbm Erdarbeiten, und eine ungefähre Ausgabe von 15 Millionen Franken erfordern.

Im allgemeinen schien der Bau des Sahelkanals weniger Schwierigkeiten zu bereiten als der von Macina. Die Bodenunterlagen waren leichter. Aber in dem Maße, wie man nach N vordrang, wurde der Grundwasserspiegel der Tiefbrunnen, mit denen man die Dampfmaschinen zu speisen hatte, immer schwieriger auffindbar und von immer größerer Tiefe. Glücklicherweise haben sich die Hoffnungen, die man auf eine Erhöhung des Wasserspiegels als Folge der Wasserauffüllung des Kanals erwartete, vollständig erfüllt. Die Brunnen, die man am Rande des Zuflusses gebaut hat, haben zur Zeit einen Wasserspiegel, der zwischen 10 und 20 m Tiefe schwankt. Die Brunnen jedoch, die im Innern der Ländereien erbohrt worden sind, sind bisher noch nicht merkbar beeinflußt worden.

Regulierungsanlagen und Schleusen des Macina- und des Sahelkanals

Ausgeführt von dem mit dem Bau des Stauwerkes von Sansanding beauftragten Unternehmerkonsortium, sind diese Werke zur Zeit bereits fertiggestellt. Jedes von ihnen verfügt über 5 Durchlässe von je 4,50 m Breite, die mit einfachen Stoneyschotten ausgestattet sind. Unmittelbar an die eigentliche Wasserableitung ist eine Schiffahrtsschleuse von 8 m Breite und 50 m Länge angeschlossen; Schotten und Schleusentore können sowohl elektrisch wie durch Handbetrieb bedient werden (siehe Abb. 17).

Eindeichung des Niger

Der entlang dem Niger aufgerichtete Deich zum Schutze des oberen Macinagebietes gegen die natürliche Überschwemmung ist von seinem Ursprung bis in die Provinz Kala, und zwar bis jenseits der Stadt Macina, mit 69 km Länge fertiggestellt. Dieser Deich hat — auf der Krone gemessen — eine Breite von 10 m, und liegt 1,50 m

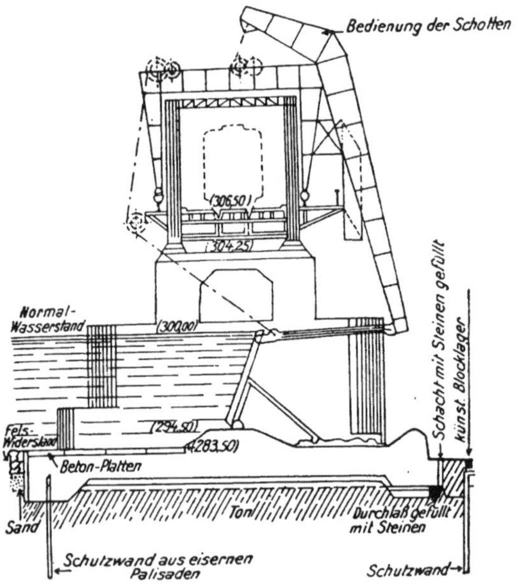

Abb. 17. Querschnitt durch das Stauwerk von Sansanding

oberhalb des Niveaus der höchsten überhaupt bekannt gewordenen Flut des Niger. Seit ungefähr 6 Jahren sind die neuesten Teile des Deiches den Güssen der Regenzeit ausgesetzt, so daß anzunehmen ist, daß die Bodenmassen sich inzwischen vollkommen gesetzt haben. Der Deich liefert für den Verkehr zu Land, der hier früher unmöglich war, während der Flut einen breiten und sicheren Weg, den eine bescheidene Steinlage

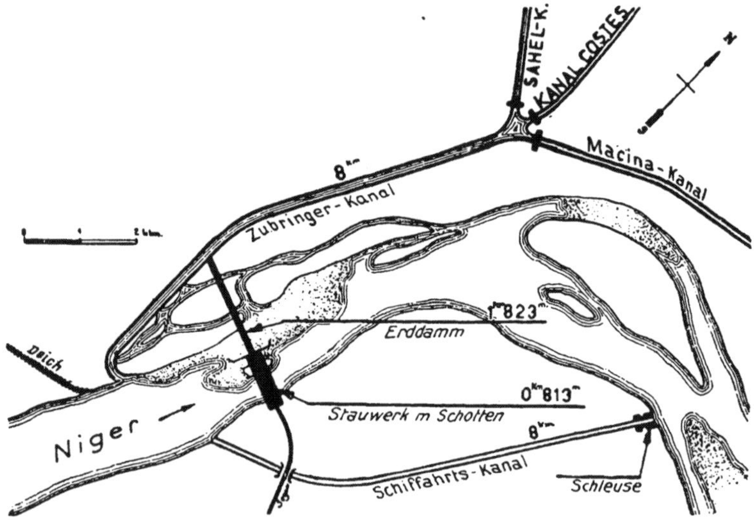

Abb. 18. Wasserfangwerk, Schiffahrts- und Ableitungskanäle

zu allen Jahreszeiten nutzbar machen würde. Diese Arbeit wird zur Zeit vorbereitet, und soll mit Hilfe des Lateritgesteins aus Steinbrüchen nahe Bokywere durchgeführt werden.

Die Errichtung des Stauwerkes von Sansanding, der Schiffahrtsschleuse und der Regulierungswehre des Macina- und des Sahelkanals machen die Ausführung folgender Arbeiten notwendig:

Erdarbeiten	750000 cbm
Betonmauerung	105000 cbm
Eisenbeton	16600 cbm
Metallbrücke	3600 cbm
Schotten	3325 t
Schutzwände aus Metallpalisaden	1660 t
Steingrundierung	50000 cbm

Gelegentlich des Baues des Stauwerks von Esneh in Ägypten, dessen Länge 840 m beträgt, wurden verwendet: 164000 cbm Mauerwerk und 43933 t Eisen. Die Erdbewegungen beliefen sich auf 953000 cbm, die Steingrundierung auf 150000 cbm.

Wenn man diese Zahlen mit den obigen vergleicht, geben sie uns ein Bild von der Größenordnung des Stauwerks des nigerischen Deltas. Sowohl was seine Länge, als auch seine Massen anbelangt, kann sich dieses Werk durchaus in die gleiche Reihe mit den Werken von Assiut, Esneh und Nag Hamadi, die die Engländer am Nil erbaut haben, stellen.

Was die Erdbewegungen beim Bau der Kanäle und Deiche betrifft, so erhebt sich ihr Gesamtvolumen auf rund 16 Millionen cbm.

Die Ausgaben für diese Werke, die zu Lasten der Anleihe gehen, werden sich am 31. Dezember 1938 auf rund 187 Millionen Franken belaufen, so daß von den 300 Millionen Gesamtkredit, die dafür durch die Gesetze von 1931 und 1934 ausgeworfen sind, nur noch ein Betrag von 113 Millionen verfügbar bleibt. Man kann schon heute übersehen, daß für die Vollendung der Werke die Gesamtausgaben den Voranschlag von 1929 um rund 85 Millionen Franken überschreiten werden.

Die bei den Arbeiten verwendeten Maschinen werden mit Holz, das bei der Rodung der in Anspruch zu nehmenden Flächen oder in deren unmittelbarer Nachbarschaft gewonnen wird, beheizt. Ihre Handhabung, die am Anfang Europäern anvertraut war, ist seit langer Zeit bereits nur noch Eingeborenen überlassen. Wenn man übrigens aus der Durchführung dieser Wasserwerke ein Lehre ziehen will, so ist es gerade die, daß die eingeborenen Arbeiter durchaus fähig sind, sich einer Beschäftigung anzupassen, für die sie gewohnheitsmäßig durch nichts vorbereitet sind. Im allgemeinen hat infolgedessen das europäische Personal auf den Bauplätzen des Werkes von Sansanding aufs äußerste eingeschränkt werden können. Das Unternehmerkonsortium hat zu Zeiten schärfster Arbeitsanspannung der letzten Kampagne weniger als 100 Europäer auf 2500 Eingeborene beschäftigt, Arbeiter und Handwerker zusammengenommen. Verglichen mit Arbeitern anderer Tropengegenden zeigen sich die der hiesigen Gegend keinesfalls unterlegen. Ihr guter Wille ist groß und ihre Arbeitsergiebigkeit hinreichend.

Der größere Teil der Arbeiter entstammt dem 2. Militäraufgebot. Dieses überschreitet in Zeiten des Friedens um ein Vielfaches das gewöhnliche Bedürfnis des Heeresersatzes. Diejenigen jungen Leute, die zwar für den Dienst geeignet befunden, aber nicht einberufen werden, können zur Ausführung öffentlicher Arbeiten von allgemeinem Interesse herangezogen werden. Für diesen Zweck werden sie mit Kleidung und Handwerkszeug ausgestattet. Außerdem empfangen sie unter dauernder Nachprüfung der Arbeitsaufsichtsbehörde eine tägliche Nahrungsmittelzuteilung, die höher ist als die der Soldaten. Ein Gesundheitsdienst ist dem Arbeitsdienst beigegeben und hat seinen Sitz in Markala, 1 km von den Bauplätzen des Stauwerks entfernt. Der Gesundheitszustand des eingeborenen wie des europäischen Personals ist während der ganzen Dauer der Arbeiten sehr befriedigend gewesen.

VII. Herrichtung und Besiedlung der Ländereien

A. Übergangsprogramm

Allgemeines

Was bereits vor Vollendung des Stauwerks von Sansanding die Nutzbarmachung bedeutender Flächen der zu bewässernden Ländereien möglich macht, das ist, wir haben es oben bereits erwähnt, die Möglichkeit, schon vor Vollendung der Regulierungswerke die Flutwasser des Stromes durch den Hauptkanal in die ausgebesserten Zweigkanäle des Sahel und des Macina während der Zeit des Anstiegs ableiten zu können. Berechnungen, die man auf den Pegelmessungen des Stromes seit dem Jahre 1907 aufgebaut hat, ergaben, daß es auf diese Weise möglich ist — und zwar auch in ungünstigen Jahren — die Ländereien im Umkreise von bis zu 60 km vom Punkte der Wasserableitung während dreier Monate mit Wasser zu versorgen. Es ist dies zwar eine zögerlich erfolgende Bewässerung, bei der auf den Ernten viel von den klimatischen Unsicherheiten der ersten Regenzeit lasten bleibt, von der man aber dennoch eine nennenswerte Steigerung der landwirtschaftlichen Erträge erwarten kann, und die vor allem die Möglichkeit bietet, im Falle von Verwüstung der aufstehenden Ernte durch Dürre oder Heuschreckenplage, noch den Anbau einer Nachfrucht zu bewerkstelligen.

Das 2. Anleihegesetz gab die Möglichkeit, diese ersten Nutzungen zur Entwicklung zu bringen. Ein Umbruchs- und Kolonisationsprogramm wurde aufgestellt und in Angriff genommen, während die Durchführung des Hauptplanes der großen wasserwirtschaftlichen Einrichtungen fortschritt.

Dieses Erstprogramm umfaßte zunächst folgende Einrichtungen:

Jahr	Am Macina-Kanal Reisquartier von Bokywere ha	Am Sahel-Kanal Baumwollquartier von Niono ha
1935	700	—
1936	1500	—
1937	1500	500
1938	1500	1500
1939	1500	3000
1940	1500	3000
1941	1500	2500
	9700	10500

Gesamtfläche rund 20000 ha.

Als die Verwaltung am Niger diese Zahl von 20000 ha vorschlug und die Zustimmung des Generalgouverneurs von A. O. F. grundsätzlich erwirkte, rechnete sie nicht etwa darauf, in wenigen Jahren zu einer bedeutenden Baumwollerzeugung zu gelangen. Letzteres wird in Wirklichkeit erst möglich sein, wenn die Gesamtheit der Wasserwerke vollendet und in Dienst gestellt sein wird, was frühestens in 2 Jahren der Fall sein kann. Bis dahin wäre es nicht weniger unsinnig, von den Arbeiten am Niger eine große Tonnenzahl an Textilien zu erwarten, wie es unsinnig wäre, vom Stauwerk bei Genissiat, das an der oberen Rhone gebaut wird, zu verlangen, daß es elektrischen Strom erzeugte, bevor es vollendet ist.

Was aber mit Gewißheit aus der Durchführung eines Vorwegprogramms sich ergeben mußte, war die Heranbildung geübten Personals, erprobter Maschinen und sparsam angepaßter Methoden, geeignet, schnell und sicher auch die größere Aufgabe der Herstellung der Hauptwerke zu meistern. Es war außerdem in Aussicht genommen, immerhin so viel Baumwolle zu erzeugen, und auszuführen, daß man sie in den Spinnereien und Webereien des Mutterlandes kennen und schätzen lernte. Finanzielle Schwierigkeiten, zu denen sich noch andere

7*

gesellten, über die sich hier zu verbreiten unnötig erscheint, haben zur Einschränkung dieses Programms auf folgende Ziffern geführt:

Jahr	Quartier von Bokywere ha	Quartier von Niono ha
1935	559	—
1936	1552	—
1937	1811	350
1938	1365	1365
1939	1368	1333
1940 voraussichtlich	500	2500
1941 ,,	500	2500
	6655	8048

Gesamtsumme rund 14500 ha.

Die sofort bewässerbaren Flächen sind mit $^4/_5$ der Gesamtausdehnung beteiligt. Der Rest besteht in Flächen, die mit Kanälen, Dörfern, Forstreservationen und mit solchen Brachländereien ausgefüllt sind, die die Kolonisten erst allmählich in Nutzung nehmen.

Die Herrichtung des Quartiers von Niono konnte erst verspätet in Angriff genommen werden (1937), weil die Erdarbeiten und Ausbesserungen des Sahelkanals noch nicht beendet waren, als der Macinakanal in Dienst gestellt wurde (1935). Das ist auch der Grund, warum die erste bedeutende Baumwollsendung, die das nigerische Delta geliefert hat, erst im Laufe der letzten Kampagne erfolgen konnte.

Die Ansetzung der Kolonisten

Der Erfolg der Eingeborenensiedlung in diesen beiden Quartieren war zu gutem Teile den Vorteilen zuzuschreiben, die man den Kolonisten für ihre Ansetzung bot. Es liegt auf der Hand, daß der Zuwanderer bei seiner Ankunft in einem Dorfe, in dem er von nun ab leben soll, günstige Bedingungen für seinen Unterhalt, seine Bequemlichkeit und seine Arbeit vorfinden muß, damit er die neue Lebensweise, der er sich hingeben soll, von vornherein mit Befriedigung betrachtet.

Da er keine Vorstellung von einer intensiven Bewässerungskultur besitzt, ist er unfähig, selbst an die Kanalisation seiner Wirtschaftsflächen heranzugehen. Diese werden ihm deshalb, mit allen nötigen Bewässerungsanlagen ausgestattet, fertig übergeben. Außerdem wird ihm so viel an Lebensmitteln vorgeschossen, wie er bis zu seiner nächsten eigenen Ernte braucht. Da im Anfang der Kolonisation des Deltas die Ernten im allgemeinen befriedigend waren, schien es nicht notwendig, den Kolonisten mehr als einen gewissen Lebensmittelzuschuß zur Verfügung zu stellen. Die Rationen waren so bemessen, daß sie — aufgeteilt unter Männern, Frauen und Kindern — genügten, um sie gerade zu erhalten. Die Lebensmittelvorräte, die die Ankömmlinge von früher her besaßen, sollten ihnen das übrige liefern. Aber gleichgültig, ob die Jahre gut oder schlecht sind, man hat feststellen müssen, daß die Leute so gut wie nichts mit bringen, sei es, daß sie ihre Ernten vor Verlassen ihrer alten Sitze vergeuden, sei es, daß sie sie verkaufen, um mit dem Erlös ihre Steuern zu bezahlen. Es ist daher neuerdings zur Regel geworden, ihnen Rationen zuzubilligen, die ihrem gewohnheitsmäßigen Bedürfnis voll entsprechen.

Die Frage der Unterkunft ist besonders zum Gegenstand ernsten Studiums gemacht worden. Es kann sich nicht darum handeln, im Bewässerungsgebiet das Gewirre von Hütten und engen Gäßchen nachzuahmen, das die sudanischen Dörfer kennzeichnet. Die neuen Ortschaften umfassen — außer der Unterkunft für die Menschen — Wirtschaftsgebäude für Erntevorräte, Viehstand und Ackergeräte. Die in Nienebale und Sotuba gemachten Erfahrungen zeigen, daß ein Gehöft, das auf einer Oberfläche von $^1/_{10}$ ha aufgebaut wird, für eine mittlere Familie von 12 Personen genügt. Die Übergabe dieses Gehöftraumes, zugerichtet in einer Weise, daß er den Kolonisten von seiner Ankunft an aufzunehmen vermag, bedeutet aber, daß man ihnen, außer der Einrichtung der Hütten, noch mindestens 100 m Umzäunung mitgibt. Es erscheint indessen weder notwendig noch nützlich, dem Ankömmling letztere Arbeit schon vor seiner Ankunft bis zum letzten Zaunpfahl hinzustellen. Die Lösung, zu der unsere Techniker am meisten neigen, ist die, die Umgebungsmauern bis zu 1 oder 2 Fuß Höhe aufzuführen, weil dies zweifellos genügt, um eine gewisse Abschließung zu sichern und den neuen Bewohnern auf alle Fälle die Idee des „Zuhauseseins“ zu vermitteln. Die letzte Fertigstellung bleibt dem Interessierten dann unter Aufopferung seiner ersten Mußezeiten allein überlassen. In der Tat fangen die Kolonisten nach Einbringung ihrer ersten Ernte sofort mit dieser Arbeit an und pflegen ihre Umfriedigung nach 2—3 Jahren fertig zu stellen.

Was die Errichtung der Wohnungen anlangt, hat man im Anfang nur Rundhütten erbaut, dann aber quadratische und rechteckige Hütten bevorzugt. Gewisse Kolonisten lieben noch heute mehr die ersteren; andere die zweiten. Es ist dies mehr eine Frage der Gewohnheit als der Bequemlichkeit.

Eine Familie von mittlerer Zusammensetzung erhält 4 Hütten, die zusammen eine Oberfläche von 50 qm bedecken. Der Regel nach klagen die Ankömmlinge nicht über unzureichende Räumlichkeiten.

Ihre gewöhnlichen Klagen beziehen sich mehr auf mangelnde Wasserundurchlässigkeit der Dächer. Das Dach wird nur provisorisch hergestellt; es wird dem Kolonisten überlassen, nach Ankunft im Dorfe es selbst zu verbessern.

Die Stallungen haben verschiedene Formen: meist baute man sie mit einem oder zwei schirmförmigen Dächern, was man jedoch allmählich wegen mangelnder Haltbarkeit aufgegeben hat. Man begnügt sich jetzt damit, sie den Hütten der Eingeborenen ähnlich zu formen, und zwar aus einem Rundholzgerüst mit horizontaler Auflage für das Strohdach. Der Stall wird auf diese Weise mit dem Maximum von Bequemlichkeit für das Vieh und mit einem Minimum von Raumverschwendung, Erbauungs- und Unterhaltskosten hergerichtet.

Vor Aufbau des Gesamtdorfes erfolgt der Bau von Brunnen. In den Dörfern des Busches ist das ein einfaches zylindrisches Loch ohne jede Einfassung, wenn man davon absieht, daß man den Rand gewöhnlich mit einigen Holzstückchen befestigt. Die eingeborenen Frauen schöpfen dort das Wasser mit Kalebassen, die sie mit einem ewigen Strick von unten nach oben herausziehen, ohne Rücklauf der Drehscheibe. In den Ansiedlungsdörfern wird der Brunnen wasserdicht ausgemauert und eingefaßt, so daß — ein großer Fortschritt — kein verjauchtes Oberflächenwasser eindringen kann. Jedes Dorf besitzt mindestens einen solchen Brunnen. Der Versuch, bei größerer Tiefe (12 m) das Wasser maschinell zu fördern, ist gescheitert, weil die Bedienung mechanischer Apparate für die Hände der Eingeborenen zu delikat ist. Man ist daher auf die einfache Drehwinde mit 2 Eimern zurückgekommen, die mit der Hand bedient wird und im Notfalle vom Schmiede des Dorfes leicht wieder in Ordnung gebracht werden kann. Ein solcher Aufzug ist sehr solide und kostet so gut wie keine Unterhaltung.

Da, wo das Grundwasser — wie beispielsweise im Quartier von Niono — auf 50 m und mehr absinkt, und infolgedessen das Wasser mit primitiven Methoden nicht mehr erreichbar sein würde, will man sich mit Ableitungen aus den Kanälen behelfen. Das Wasser soll in diesem Falle zur Zeit der Regen (bzw. der Wasserfülle in den Kanälen) in auf undurchlässigem Boden angelegte Behälter übernommen werden, so daß während der folgenden Trockenzeit der Inhalt dieser Reservoire zur Verfügung steht. Auch versucht man nach Beispielen, die sich in Indien bewährt haben, in einem der Dörfer des Nionogebietes das Wasser aus den Tiefbrunnen mit Hilfe von Ochsengespannen herauszupumpen.

Aber noch andere Vorteile werden den Kolonisten bei ihrer Ankunft gewährt, wenn diese selbst sie auch zunächst kaum als solche ansehen; in Wahrheit sind sie entscheidend. Zu diesen gehört vor allem die Ausstattung mit Ackergeräten, Fahrzeugen und Zugvieh. Die Eingeborenen — eine Tatsache, die man nicht vergessen darf — kennen bei ihrem Einzug in die Siedlung weder den Gebrauch von Zugvieh noch die Arbeit mit dem Pfluge. Die Tatsache, daß sie nunmehr über ein modernes Rüstzeug und über solches Zugvieh verfügen, scheint sie zunächst nicht zu beeindrucken. Erst beim Gebrauch werden sie sich bewußt, was diese Ausrüstung vom Standpunkte des Zeitgewinnes und der erzielbaren Ernten bedeutet.

Sehr schnell erkennen sie dann den Vorteil und verwenden ein gut Teil ihres Geldgewinnes dazu, diese Ausrüstung schleunigst zu vergrößern. Jedes Dorf verfügt überdies über einen Reserveviehstapel, der dafür bestimmt ist, aus ihm den Viehstand der einzelnen Siedler soweit möglich zu vervollständigen. Im Anfang werden die Wagen als gemeinsamer Besitz mehrerer Kolonisten geführt; in dem Maße aber, wie die Wohlhabenheit wächst, wird deren Zahl erhöht, und jeder Kolonist sucht das Eigentum an einem solchen für sich allein zu erwerben.

Vorbereitung der Äcker

In den südlichen Teilen des Nigerdeltas zwingt der Umfang der Baumvegetation, den die bewässerbaren Teile tragen, vor Ankunft der Siedler eine Bereinigung des Geländes vorzunehmen. Geschähe dies nicht, so würden die Ankömmlinge viel Zeit verlieren, und zweifellos in manchen Fällen sogar diese Arbeit — ihres Umfangs wegen — verweigern. Der eingeborene Landwirt ist nicht gewöhnt, vollständige Rodungen vorzunehmen. Er begnügt sich damit, seine Äcker, die er in Rotation mit Brache nutzt, von kleinem Buschwerk und Schatten werfenden Waldbäumen zu befreien. Nach dieser summarischen Bereinigung behandelt er sie weiter mit der Handhacke, indem er die Baumstümpfe, die mit ihrem Wurzelwerk im Boden verblieben sind, umgeht. Diese tausendjährige Methode des schwarzen Afrika ist natürlich nicht mehr am Platze, sobald der Pflug seinen Einzug hält, dann gilt es vielmehr, die Rodung gründlich vorzunehmen und alle Stümpfe, die hinderlich sind, aus dem Boden zu entfernen. Das ist Schwerstarbeit, die einzig und allein von starken Maschinen mit Schnelligkeit und zu billigem Preise ausgeführt werden kann.

Die Mitarbeit der Kolonisten besteht darin, das abgeschlagene Holz abzuräumen, die letzten Wurzeln zu entfernen und den Boden einzuebnen. Im allgemeinen — im Delta des Sahelgebiets aber im besonderen — ist das Gelände, das im Falle bestimmter Bodenarten vollkommen eben ist, bei schwererem Boden im Gegenteil recht bucklig und mit Kalknestern durchsetzt. Dieses Gelände kann so nicht sofort bewässert werden. Es ist vielmehr erst mit der Handhacke zu ebnen, in bestimmten Fällen sogar mit der von Spannvieh gezogenen Erdschaufel, ein Gerät, mit dem jedes Dorf zu versehen ist. Nach ein oder zwei Kampagnen ist die Einebnung des Bodens vollendet, und gerade auch die schwereren Bodenarten, die sich als besonders fruchtbar und für Baumwollbau geeignet erweisen, können so in Benutzung genommen werden.

So sehr der technische Dienst den festen Willen hat, den Siedlern alles zur Verfügung zu stellen, was notwendig ist, um bis zur ersten Ernte leben, wohnen und arbeiten zu können, so sehr ist er andererseits gewillt, Geldvorschüsse jeder Art aufs Allernotwendigste zu beschränken. Die Auffassung, die dem zugrunde liegt, ist, daß der Eingeborene, der monatelang in der Zeit der Arbeitsstille (März/Juni) reichlich über Stunden der Muße verfügt, selbst ein Interesse daran hat, während dieser Zeit Geldausgaben — die er ohne weiteres machen würde, wenn man ihm die nötigen Mittel dazu vorschösse — durch eigene Arbeit zu ersetzen, die ihn nichts kostet. Zweifellos scheint es demjenigen, der nur an die schnellstmögliche Besiedlung des Deltas denkt, auf den ersten Blick wünschenswert, die Kolonisten von zusätzlichen Arbeiten zu befreien um so den Zuzug zum Bewässerungsgebiet noch lockender zu machen. Aber die Ausgaben zu Lasten der Siedler würden so bedeutende werden, daß die Rentabilität der Siedlerstelle in Frage gestellt würde. Man würde außerdem bei den Eingeborenen leicht den Eindruck erwecken, daß alles, was ihnen vorgeschossen wird, gratis gegeben sei, und nicht eines Tages von ihnen im vollen Betrage zurückerstattet werden müßte, oder aber, daß der Ausnahmecharakter und das ganz Ungewöhnliche solcher Hingaben nicht mehr als freiwillig empfunden würden, das aber heißt, daß der Neger sich nur schwer damit abfinden würde, wenn er eines Tages, früher oder später, sich dieser Hilfen wieder entwöhnen müßte. Indem man es allzu gut meinte, würde man riskieren, ihn zu demoralisieren, oder doch seinen Wunsch, zuzuwandern und sich seßhaft zu machen, weil auf ein allzu leicht erreichbares Ziel gerichtet, nur abschwächen. Andererseits würde das Verlangen übertriebener Mitarbeit nicht ohne große Schäden durchgesetzt werden können. Die Kolonisten würden leicht entmutigt werden oder gezwungen sein, Zeit und Kraft — zum Schaden der Nutzung des Landes — der ersten Einrichtung ihrer Stellen zu widmen. Es gilt daher, durch Erfahrung den richtigen Mittelweg aufzufinden und dessen Einhaltung dann strikte zu beobachten.

Art und Aussichten der Kolonisation

Anfangsdichte der Bevölkerung

In den augenblicklich bereits hergerichteten und besiedelten Kolonisationszentren ist die Bevölkerungsdichte auf eine Zahl gebracht worden, die für die rationelle Bewirtschaftung von Bewässerungsländereien als normal angesehen werden kann. Sowohl in Sotuba wie in Kokry und Niono kommt diese Dichte an 100 Einwohner je Quadratkilometer dicht heran. Bis zu 120 oder 130 Einwohnern auf gleicher Fläche bleiben die Nutzungsbedingungen günstig und die wirtschaftlichen und finanziellen Erträgnisse befriedigend. Oberhalb dieser Ziffer wird es notwendig, entweder die Lebensmittelversorgung durch Einfuhr zu ergänzen oder aber, wie in Ägypten, auch während der Regenzeit die Ländereien systematisch zu bewässern oder endlich den Anbau von Verkaufsfrüchten einzuschränken.

Aus diesen Beobachtungen ergibt sich, daß — alle übrigen Faktoren gleichgesetzt — es angebracht ist, um aus der Bodennutzung ein Maximum von Industriefrüchten zu ziehen, die Dichte der Bevölkerung niedrig zu halten. Außerdem ist es angebracht, dafür zu sorgen, daß in jeder Region, besser noch in jedem Dorf, Reserveländereien zur Verfügung bleiben, damit die Kolonisten, deren Zahl sowohl durch natürliche Vermehrung wie auch durch äußeren Zuzug naturnotwendigerweise steigen muß, mit fortschreitender Beengtheit darauf zurückgreifen können. Wenn man Vergleiche mit anderen Ländern anstellt, von denen wir oben gesprochen haben, so kommt man zu dem Ergebnis, daß man bei Beginn der Kolonisation gut tut, etwa 50 Einwohner je qkm nicht zu überschreiten.

Die Siedlungspropaganda unter den Eingeborenen

Obwohl — aus den oben gekennzeichneten Gründen — die Geldzuwendungen an die Kolonisten in Kokry und Niono diejenigen derer in Sotuba zur Zeit nicht übertreffen, ist doch die Ansiedlung auf den Bewässerungsländereien des Nigerdeltas bei den Eingeborenen schnell populär geworden. Die angewandte Propaganda hat ihr Hauptargument aus dem guten Beispiel der bereits am Platze befindlichen Zuwanderer und deren Zufriedenheit gezogen. Was übrig bleibt, sind folgende Grundsätze:

Die europäischen Lehrmeister — zusammen mit ihren eingeborenen Schutzbefohlenen — dadurch auszuwerten, daß man die einen wie die anderen zu gut gewählten Zeiten in solche Gebiete der Neuanwerbung schickt, wo sie Aussicht haben, ihren Einfluß mit gutem Erfolge geltend zu machen;

zu Zeiten der aufstehenden Ernte eingeborene Besucher kommen zu lassen, die bereits durch das, was sie gehört haben, interessiert sind;

die Gesamtheit des Personals der allgemeinen wie der technischen Verwaltung dahin zu bringen, daß sie immer wieder der eingeborenen Bevölkerung den Nutzen der Anwendung des Wassers in der Landwirtschaft klar machen; und schließlich

an die Mithilfe der örtlichen Häuptlinge zu appellieren in dem Maße, wie dies für eine solche Aufgabe nur irgend möglich ist.

Diese Grundsätze haben, wie wir oben beschrieben haben, im Laufe der beiden letzten Kampagnen gute Ergebnisse erbracht. Natürlich kommt es trotzdem vor, daß das Eingreifen der Werber auf schweigenden Widerstand oder gar Ablehnung stößt. Da gibt es kein anderes Mittel, um dennoch zum Ziele zu gelangen, als die Gründe zu erforschen: Der eine lehnt es ab, seinen Sitz zu verlassen, weil er die einzige Arbeitskraft einer Familie ist, und er die besonderen Anstrengungen fürchtet, die nötig sein würden, um sich an die neuen Arbeitsbedingungen zu gewöhnen; der andere begründet seine Ablehnung mit Zwistigkeiten, die er mit Nachbarn hat, und von denen er annimmt, daß sie bei seiner Eingliederung am neuen Wohnsitz unbeachtet bleiben könnten. Für einen dritten schließlich ist es die Furcht, nicht Herr seiner Wirtschaft zu sein, oder gar, sich dort gezwungen zu sehen, seine Ernten zu niedrigsten Preisen der Verwaltung abtreten zu müssen.

Alle Kolonisten, die man einsetzt, und deren Vertrauen man von da ab besitzt, haben vielleicht vor ihrer Ankunft derartige Befürchtungen überwinden müssen. Zweifel solcher Art sind es jedenfalls, die sehr häufig die Widerstrebenden zurückhalten; sie zum Verschwinden kommen zu lassen, ist die Aufgabe, die sich die Werber zu stellen haben. Daß die Tätigkeit der letzteren vom ersten Jahr der Propaganda an, sich als derartig wirksam erwiesen hat, das unterstreicht besser als alles Gerede den praktisch einwandfreien Charakter des Unternehmens der Besiedlung des Zentral-Nigerischen Deltas. Zweifellos sind die Gründe dieser Erfolge zahlreich und vieldeutig, aber es gibt einen, der alle anderen überschattet und der vor allen anderen entscheidend ist, d. h., daß der sudanische Eingeborene gar nicht jenes unerschütterlich an seinen alten Gewohnheiten festhaltende Wesen ist, als das man ihn so oft geschildert hat. Man findet in Frankreich wie in Afrika häusliche Leute und andere, die auf Abenteuer und Unternehmungslust eingestellt sind. Hier wie dort sind die Reaktionen der Menschen vom Lande gegenüber den wirtschaftlichen Erscheinungen vollkommen gleichartig. Wer die Mentalität unserer eigenen Bauern wohl verstanden hat, weiß im gleichen Augenblick zu sagen, wie unter diesen oder jenen Umständen ein Bauer aus dem Stamme der Bambara, Minianka oder Mossi denkt. Das Sondermysterium des schwarzen Landwirts ist ein literarischer Mythos!

Bevölkerungswachstum im Delta

Die in Nienebale und in Sotuba getroffenen Feststellungen haben von Gründung dieser ersten Versuche an gezeigt, daß die reichliche Nahrung, die durch die Bewässerung für die Bevölkerung sicher gestellt wird, einen glücklichen Einfluß auf ihre Gesundheit ausübt. Ganz gleiche Beobachtungen sind im Delta gemacht worden.

Auf 4264 Kolonisten, die im Jahre 1938 im Gebiet von Kokry angesetzt wurden, hat man 229 Geburten und 155 Todesfälle feststellen können, d. h. einen Überschuß von 74 Geburten, was einem Bevölkerungszuwachs von 174 Köpfen auf 10000 Einwohner entspricht.

Vergleicht man dieses Ergebnis mit gewissen in nachstehender Tabelle aufgeführten Ländern Europas, so ist das Resultat mehr als befriedigend:

Länder	Geburten auf 10000	Todesfälle auf 10000	Bevölkerungszuwachs
Polen	261	140	121
Italien	235	137	98
Deutschland	189	118	71
Norwegen	146	102	44
England und Wales	147	117	30

Es ist aber nicht allein das zahlenmäßige Anwachsen der Bevölkerung, das sich aus einer reichlicheren und besseren Nahrung, aus der wirtschaftlich weniger beengten Situation, aus gesünderen Wohnungen und aus einer Gesundheitspflege, die unvergleichlich viel besser ist, als in den Dörfern im Busch, wo der Arzt kaum hinzukommen vermag, ergibt. Auch der allgemeine Zustand der Bevölkerung wird gleichermaßen sehr verbessert. In Nienebale wie in Sotuba haben die Heeresaushebungen ein viel zahlreicheres Ergebnis gehabt, und zwar von Leuten überlegener Kraft und Gesundheit, als im Durchschnitt des Landes.

Gesundheitsverhältnisse

Dieses Gesamtergebnis zerstört endgültig die Befürchtungen, die man gehabt hat und auch oft genug zum Ausdruck brachte, daß die Bewässerung vielleicht vom Gesichtspunkt der Verbreitung des Sumpffiebers unangenehme Folgen haben werde. Ganze Reihen von Beobachtungen, die man sowohl in Kokry und Niono wie auch in Sotuba gemacht hat, haben zu ganz entgegengesetzten Schlüssen geführt. In all diesen 3 Gebieten sind Fälle von Milzaffektionen in der Bevölkerung unzweifelhaft geringer, als in den Dörfern des sudanischen Busches. Was aber will das anders heißen, als daß das Sumpffieber wie viele andere furchtbare Krankheiten in erster Linie das Produkt einer Natur sind, die im Zustande der Wildnis beharrte?

Man hat sich seit einiger Zeit stark darüber aufgeregt, daß die Schlafkrankheit im Schwarzen Afrika in gefährlichem Fortschreiten begriffen ist. Gegenden des geographischen Sudan, die früher nicht heimgesucht waren, sind heute davon ergriffen. Schuld daran ist die Erschließung des Landes durch Straßen und die Bewegung der Bevölkerung. Hin- und herflutend zwischen dem inneren Sudan und der Küste der Kolonien haben die Eingeborenen die Krankheit, die sie beim Passieren der Ansteckungsgebiete erwarben, mit fortgetragen, und da auch die Kleintierwelt des Busches oft genug alle Möglichkeiten der Verbreitung dieser Geißeln besitzt, hat deren Ausbreitung in wenigen Jahren die Gangart einer Feuersbrunst angenommen. Um das Übel zu ersticken, bedarf es der Ärzte, und zwar vieler Ärzte. Auch muß man die Wanderungen der Eingeborenen überwachen. Aber das einzig entscheidende Mittel besteht in der völligen Ausrottung des Buschs.

Im 14. Jahrhundert stellte Ibn Batuta, als er den Sudan besuchte, die Anwesenheit der Tsetsefliege in Gebieten des Niger fest, die heute davon frei sind. Die Ufer dieses Stromes, die durch die Ausübung der Schiffahrt einigermaßen von ihrem Pflanzengürtel befreit worden sind, ähnelten ohne Zweifel damals denen des Bani von heute. Letztere sind bis zum heutigen Tage von den krautigen Schlupfwinkeln dieser Fliege überwuchert, und aus diesem Grunde ungesund und für Menschen unbewohnbar. Wenn der Bani von dem Gestrüpp der Mimosen, die heute seine Böschungen überziehen, einmal befreit sein wird, wird sich auch dieser wundervolle Wasserweg in das Netz der offenen Flußschiffahrt einfügen und Dorf an Dorf an seinen Ufern emporwachsen.

Die Krankheiten weichen in dem Maße, wie der Mensch mit seiner

Bodenkultur vordringt. In Indochina, Hinterindien und Südamerika sind Ländereien, die bestellt werden, selbst wenn es sich um Reiskulturen handelt, dem Sumpffieber unzugänglich. Das Fieber befällt vielmehr nur dort den Menschen, wo der Boden unkultiviert und bewaldet ist. Dasselbe gilt für die Schlafkrankheit, die von Fliegen verschleppt wird, die in sumpfigem niedrigem Buschgelände hausen. Deshalb gibt es in allen Neuländern kein Besiedlungsprogramm, daß nicht ein Programm besserer Ernährung und besserer Gesundheitsverhältnisse wäre. Es gibt aber auch kein Programm von wirklich wirksamer und durchgreifender Gesundheitsverbesserung, das nicht gleichzeitig und in erster Linie ein Bodenkultivierungsprogramm wäre.

B. Der Zehnjahresplan (150000 Hektar)

Gesamtüberblick

Wenn im Juli 1941 das Stauwerk von Sansanding in Dienst gestellt werden wird, werden die mit Hilfe der Anleihe hergestellten Wasserwerke (vorausgesetzt, daß der Sahelkanal, wie vorgesehen, bis zu seiner Einmündung in das Kurumarigebiet fertig ist) folgende Flächen bedienen:

Macina-Kanal: Reisländereien	
Quartier von Bokywere	15000 ha
,, ,, Niaro	15000 ha
,, ,, Ke-Macina	20000 ha
Summa:	50000 ha
Sahel-Kanal: Baumwolländereien	
System des oberen Kala	80000 ha
,, ,, unteren Kala	68500 ha
,, ,, Kurumari	88500 ha
Summa:	237000 ha

Es würde im übrigen genügen, den Wassern das natürliche Bett des Sahellaufes bis zu seinem Eintritt in das Gebiet von Farimake wieder zugänglich zu machen und die Breschen in den Erhebungen, die ihn begrenzen, zu verstopfen, um in der Lage zu sein, die eben genannte Provinz und diejenige von Mema gleichfalls zu bewässern. Das würde bedeuten, daß insgesamt nochmals über 200000 ha Baumwolländereien von großer Fruchtbarkeit hinzugewonnen werden würden.

Während man auf Grund des Vorprogramms 14000 ha herrichten und kolonisieren konnte, wird man nunmehr — je nachdem, ob man den Sahellauf jenseits von Kurumari instand setzt oder nicht — 300 oder 500000 ha mit Wasser versorgen können, ohne daß es einer

Verstärkung der Hauptwerke bedarf, einzig und allein auf Grund allmählich fortschreitender Verbesserungen und Verbreiterungen des großen Zubringersystems.

Es kann offenbar keine Rede davon sein, die Nutzbarmachung dieser weiten Räume in nur einem Programm bewerkstelligen zu wollen.

In Sumatra und Borneo haben die Holländer bei der dortigen Ansiedlung der Eingeborenen, die sie durchführen, um der Übervölkerung Javas zu begegnen, eine Anzahl von Grundsätzen herausgeschält, die sich vollständig mit denen decken, die die ersten kolonisatorischen Arbeiten am Niger ergeben haben. So sehr es notwendig ist, dem Unternehmen eine klarsichtige und zielbewußte Propaganda vorausgehen zu lassen, so ist doch vornehmste Bedingung die rückhaltlose Unterwerfung der Projekte unter die Tatsachen. Denn oft genug sind es nicht die vorher bestimmten Pläne, die den Zuzug der Eingeborenen in das Kolonisationsgebiet regeln, sondern umgekehrt ist der Zuzug selbst derjenige Faktor, der die Zurichtungs- und Nutzungspläne bestimmt. Daß im Jahre 1938 4000 und im Jahre 1939 7000 Bewerber sich freiwillig nach kurzer Dauer der Propaganda zur Verfügung gestellt haben, beweist nicht, daß bei anhaltender Fortsetzung dieser Propaganda es morgen 3mal oder 4mal soviel sein sein werden; sondern nur, daß sich mit aller Wahrscheinlichkeit zum mindesten ebenso viele Bewerber in Zukunft anbieten werden. Ein Fünfjahresplan also, der auf einer jährlichen Mittelzahl von nur 5000 Eingeborenen, die bis zum Ende des 5. Jahres 50000 ha in Nutzung bringen, und sie zunächst bis zur halben Dichtemöglichkeit bevölkern würden, aufbaute, wäre nach dem Voraufgesagten keine übertriebene Annahme, sondern vielmehr ein vorsichtiges Programm, dessen bevölkerungspolitischer Erfolg als sicher gelten kann. Ebenso würde ein Zehnjahresprogramm, aufgebaut auf den Bewerberzahlen des Jahres 1939, daß in runden Zahlen gegriffen mit Instandsetzungsmöglichkeiten von 15000 ha jährlich rechnete — insgesamt also mit 150000 ha — danach nicht als übertrieben angesehen werden können.

Wenn die Beitragsmöglichkeit der westafrikanischen Bevölkerung zur Besiedlung des Nigerdeltas auch oft genug bestritten worden ist, so wird doch niemand bestreiten, daß ein Kolonisationsprogramm durchführbar ist, daß in 10 Jahren — die bereits am Orte befindlichen Menschen ungerechnet — 65—70000 Kolonisten ansetzen will.

Nach den auf der Hand liegenden Erfahrungen kann der westliche Sudan diese Zuwanderer liefern. Daß dabei anfangs das Jahresaufkommen mager sein wird und am Ende reichlicher, ist in hohem

Maße wahrscheinlich. Unter Berücksichtigung solcher Gesichtspunkte ist die folgende Tabelle aufgestellt:

Der erste Fünfjahresabschnitt

	Zahl der anzusetzenden Siedler	Flächen ha
1. Jahr	2500	5000
2. Jahr	3750	7500
3. Jahr	5000	10000
4. Jahr	6250	12500
5. Jahr	7500	15000
Zusammen:	25000	50000

Die Ziffern für den zweiten Fünfjahresabschnitt beruhen auf der selben Progression. Für ihn wird angenommen, daß sich jährlich im Durchschnitt 10000 Bewerber stellen werden, d. h. $40\,^0/_0$ mehr als im Laufe der letzten Kampagne. Die Tabelle des zweiten Fünfjahresabschnittes hat also, wenn man die Zahlen im selben Rhythmus anwachsen läßt, folgendes Aussehen:

Der zweite Fünfjahresabschnitt

	Zahl der anzusetzenden Siedler	Flächen ha
1. Jahr	7500	15000
2. Jahr	8750	17500
3. Jahr	10000	20000
4. Jahr	11250	22500
5. Jahr	12500	25000
Zusammen:	50000	100000

Ziele des Zehnjahresplans

Es bleibt darzulegen, in welchem Sinne und mit welchen Zielen diese Unternehmungen zu entwickeln sind.

Als man die Kolonie A.O.F. veranlaßte, das Zentraldelta des Niger zu kultivieren, stellte man sich zwei Ziele:

1. Mitten im Hinterlande der Kolonie eine Kornkammer zu errichten, die hinreichend ausgerüstet sein würde, um für immer diesem Lande jene Hungersnöte fern zu halten, die seine Bevölkerung immer wieder gezehntet haben.

2. Am Niger ein Baumwollproduktionszentrum zu schaffen, das in der Lage wäre, durch seine Ernten im hohen Maße dazu beizutragen, die Bedürfnisse des Mutterlandes an diesem Textil zu befriedigen,

und damit die Notwendigkeit, für fremde Textilimporte Gold auszuführen, herabzumindern.

Das erste der beiden Ziele hat mehr lokale Bedeutung. Die Erinnerung an die Hungerkatastrophe 1914 genügt, um es zu begründen. Ganz anders liegt es mit dem zweiten wesentlicheren Ziel. Während man der Kolonie die Finanzierung eines Programms zur Beschaffung von Lebensmitteln folgerichtigerweise selbst zumuten darf, hat genau so folgerichtig für die Durchführung eines derartigen Baumwollprojektes in erster Linie das Mutterland gerade zu stehen. Der hier behandelte Zehnjahresplan bezieht sich nur auf das zweite Ziel.

Für die Reisfelder Macinas wird ein Spezialprogramm aufzustellen sein, das auf Erfordern der Kolonie und in Anpassung an seine Mittel und Bedürfnisse zu formulieren ist. Die Nutzbarmachung der für den Reisbau geeigneten Ländereien des Macinagebietes soll lediglich mit Hilfe der am Ort bereits befindlichen bzw. in unmittelbarer Nachbarschaft wohnenden Bevölkerung vorgenommen werden. Es handelt sich in diesem Falle nicht, wie im Sahelgebiet darum, die Kolonisten zu Kulturen zu zwingen, die sie bisher nur sehr nebenbei betrieben hatten. Im Macinagebiet ist vielmehr der Reisanbau seit langer Zeit heimisch. Das Problem besteht vielmehr nur darin, die Eingeborenen in die Lage zu versetzen, statt heute 500 kg dieser Frucht, die sie mit Mühe vom Hektar gewinnen, eine vierfache Menge darauf zu erzeugen, und darüber hinaus die kultivierten Flächen zu verdoppeln. Die Gebiete, aus denen diese Reisbauern kommen (Mittel- und Untermacina), sollen von der Anwerbung für das trockene Delta ausgeschlossen werden. Auch unter diesem Gesichtspunkt also bleibt die Kolonisation von Obermacina ganz wie in finanzieller Hinsicht eine örtliche Angelegenheit, die in nichts den Zehnjahresplan für die Baumwollgebiete behindert.

Vom wirtschaftlichen Standpunkte aus gesehen, geht natürlich die Wirkung der Erschließung dieser neuen Reisanbaugebiete weit über den örtlichen Rahmen hinaus. Die hier gewonnenen Ernten, dienen nicht nur dazu, etwaige Mangelgebiete der Umgegend zu versorgen, sondern werden neue Märkte zu erschließen suchen. Im Sudan selbst wächst der Verbrauch an Reis. Der Bau der Mossibahn, der den Anbau der Erdnuß in diese Gegenden tragen wird — und zwar wie am Senegal zum Schaden der Lebensmittelerzeugung — wird dem Reis des Macinagebietes eine gesteigerte Bedeutung geben. Auch ist mit einer Entwicklung gewisser Industrien zu rechnen, die sich neben der Goldwäscherei hier und da anzubahnen beginnt, ganz zu schweigen, von dem Bedürfnis, das im unmittelbar benachbarten

Bewässerungsgebiet des Sahel gerade dadurch entstehen wird, daß dort in Bälde in einseitiger Weise Baumwollbau getrieben werden wird. Man erkennt also ohne weiteres, daß zwischen der Ausdehnung der Kulturländereien längs der beiden großen Kanäle des Deltas, des Sahel und des Macina, ein Verhältnis der Ergänzung bestehen wird, das, wenn es in der richtigen Weise zur Symbiose entwickelt wird, dafür sorgen dürfte, daß der Reis Macinas vor dem Risiko schlechten Verkaufs auf alle Fälle bewahrt bleibt.

Die Nutzbarmachung des Macinadeltas hängt solcherweise in großem Umfange mit von der Entwicklung am Sahelkanal — neben der im Gesamtsudan — ab, und beweist damit nochmals, in wie hohem Maße seine Bedeutung eine örtlich gebundene ist.

Die Entwicklung des „nigerischen Baumwollbeckens" — um dies anderseits zu betonen — entzieht sich im Gegenteil den verschiedenen Abhängigkeiten, die auf dem lebendigen Teil des Deltas ruhen. Sein Absatzgebiet wird die Textilindustrie des Mutterlandes sein, dessen Bedürfnisse bei weitem die Erzeugungsmöglichkeiten des nigerischen Gebietes überschreiten. Seine Lebensmittelversorgung beruht in erster Linie auf seinen eigenen Sorghumernten, falls Verzögerungen der Herrichtung der Reisgebiete Macinas es zwingen sollten, den Sorghumanbau beizubehalten. Die finanziellen Mittel zur Verwirklichung seiner Erschließung hängen in erster Linie von seinen Erfolgen ab. Wenn der Baumwollbau „sich zahlt" — und wir werden sehen, alles spricht dafür, daß es so sein wird — wird es leicht sein die Kapitalien zu finden, die zur Herrichtung und Besiedlung dieser Gebiete notwendig sind. An wirklich hemmenden Abhängigkeiten bei solcher Unternehmung gibt es tatsächlich nur eine, und das ist gerade die Bevölkerungsfrage. Dafür zu sorgen, daß die Zuwanderung zum Delta voll in Gang gesetzt wird, sich auf der anderen Seite davor hüten, von ihr Dinge zu erwarten, die sie nicht leisten könnte, das ist es, was das Zehnjahresprogramm von 150000 ha sich zur Aufgabe setzt, aber auch nicht überschreitet. Würden jedoch die Tatsachen, mit denen bei der Durchführung des ersten Fünfjahresabschnittes gerechnet wird, über- oder unterschritten, so würde eben der zweite beschleunigt oder verlangsamt werden und so fort, für jeden Fünfjahresabschnitt der weiterhin folgt.

Wahl der Besiedlungsgebiete

Es bleibt übrig, das engere Gebiet festzulegen, in dem die 150000 ha des ersten Fünfjahresplanes zu wählen sind. Wie der Leser weiß, hat man die ersten Probesiedlungen im unteren Kala angelegt, weil schon vor Indienststellung des Stauwerkes von Sansanding die Hochwasser des Niger in dem ausgebesserten Bett des Sahelkanals dorthin geleitet werden konnten. Es liegt deshalb nahe, die Arbeit im Anschluß an diese ersten Versuche weiter zu treiben. Soll man dann jedoch die Besiedlung nach N ins Kurumarigebiet vorstoßen oder ist es vorzuziehen, sie nach S ins obere Kalagebiet zu erstrecken. Die Frage ist unter 2 Gesichtspunkten zu betrachten. Landwirtschaftlich gesehen ist unbestreitbar, daß man die Baumwollkultur eher nach Norden als nach Süden entwickeln sollte. Denn in dem Maße, wie man in das Sahelgebiet vordringt, läßt die atmosphärische Feuchtigkeit nach, die sich so ungünstig für die Baumwollpflanze auszuwirken vermag. Die amerikanischen Varietäten finden dort klimatische Bedingungen vor, die sich mehr und mehr denen ihres Heimatgebietes anähneln. Die sudano-ägyptischen Varietäten, deren Ertragsergebnisse lohnender sind, als die der amerikanischen Sorten, scheinen bereits im Kurumarigebiet günstige Vorbedingungen des Gedeihens zu finden, während sie im oberen Kala nicht ohne Fährlichkeiten angebaut werden können. Wenn also nicht andere Gesichtspunkte anderes bestimmen, wäre es richtig, das untere Kalagebiet und das Kurumarigebiet zunächst in Arbeit zu nehmen.

Aber die nigerischen Kolonisten sind nicht alle gleicher Herkunft. Und wenn man auch die Rücksicht darauf nicht übertreiben soll, wird man dennoch gut tun darauf zu achten, die Rassen einigermaßen voneinander getrennt zu halten. Die Bambara und Samo, die bereits an ein Zusammenleben gewöhnt sind, wird man besser in die Gegend westlich und südlich von Niono schicken; die Mossi und Marka sind besser in den Gegenden nordöstlich davon unterzubringen, wo die Volksdichte heute kaum einen Einwohner je Quadratkilometer erreicht.

Eine derartige Verteilung der Kolonisten, die unter mehr als einem Gesichtspunkte Vorteile aufzuweisen hat, besonders aber vom politischen Standpunkt aus, dürfte dazu zwingen, die Kolonisten von Niono aus nach Norden und nach Süden im Maße der Verfügbarkeit der einzelnen Zuwandererkategorien anzusiedeln.

Einzelbeschreibung des Projekts

Es wird hier davon Abstand genommen, die Einzelgebiete, die für die Besiedlung innerhalb des Zehnjahresplanes und teilweise darüber hinaus ins Auge gefaßt sind, genauer zu beschreiben. Wer dafür ein nähergehendes Interesse besitzt, mag sich an den Text des Originalwerkes halten. Hier seien aus diesem Kapitel nur diejenigen Ausführungen wiedergegeben, die von allgemeiner Bedeutung sind:

Bewässerung der Ländereien

Von einer eingehenden Beschreibung des sekundären Bewässerungsnetzes sehen wir ab. Das System, das für die drei großen Bewässerungsgebiete, die zwischen Sansanding und Sokolo aufeinanderfolgen, vorgesehen ist, ist im übrigen in allen drei Abschnitten gleichartig. Was für einen Sektor gesagt wird, gilt infolgedessen gleichzeitig für die Einrichtung aller.

Dem gleichartigen Bodenmodell und dem mittleren Gefälle entsprechend ist die angewandte Bewässerungsmethode derjenigen gleich, die in Ägypten und im anglo-ägyptischen Sudan angewandt wird, d. h. es handelt sich um die Bewässerung mit Hilfe von Horizontalfurchen in Streifenform. Sie ist die den Geländen schwachen Gefälles angepaßte (unterhalb 1/1000 m).

Die Hauptanbaufrüchte des nigerischen Sahel: Baumwolle, Sorghum, Erdnüsse, Futterleguminosen, werden auf parallellaufenden Erddämmen (billons) angebaut. Das Flutwasser wird dem Kulturlande durch Gräben zugeführt, die der Linie des stärksten Gefälles des Geländes folgen, dann durch gleichmäßig tiefe Furchen zwischen den Dämmen eingeführt, die auf horizontaler Ebene im rechten Winkel von jenen Zuführungsgräben abzweigen. Die Bewässerung dauert an, bis der Boden die zu seiner Befeuchtung notwendige Menge an Wasser aufgesogen hat. Dann wird der Auslaß geschlossen, bis eine nächste Bewässerung folgt.

Zuleitungskanal

Der Regel nach hat eine Parzelle im Bewässerungssystem des Saheldeltas eine Oberfläche von 1 ha, und zwar 50 m breit und 200 m lang. Jederseits des Zubringergrabens angelegt, haben die Furchen und Erdbalken auf diese Weise eine Länge von 25 m. Die Zubringergräben gehen ihrerseits im rechten Winkel von Verteilern aus, die selbst von solchen höherer Ordnung abgezweigt sind, und wie diese der Linie des größten Gefälles folgen.

Ein Verteiler versorgt auf beiden Seiten Zubringergräben von 24 Bewässerungsparzellen, d. h. von 24 ha, seine normale Länge beträgt 1200 m (siehe Abb. 19).

Die Ausmaße der Bewässerungsgräben hängen von dem Bedürfnis an Wasser ab, das die verschiedenen Kulturpflanzen haben und von der Durchlässigkeit des Bodens. Für die Baumwolle hält man für richtig, daß in hiesiger Gegend während der wichtigsten Übergangsmonate, Oktober und November eine Bewässerung von 400 cbm je ha alle 8 Tage zur Verfügung gestellt wird.

8*

Die Erdnuß, die um diese Zeit bereits zur Reife gelangt, braucht dann keine Bewässerung mehr. Wohl aber hat man ein Interesse daran, den Neuausschlag des im November eingeernteten Sorghum zu fördern und auf dem von ihm verlassenen Boden noch eine Ernte ohne Futterleguminosen zu ziehen. Aus diesem Grunde sind diese Schläge gleichfalls noch mit Wasser zu versorgen. Man hat als zu

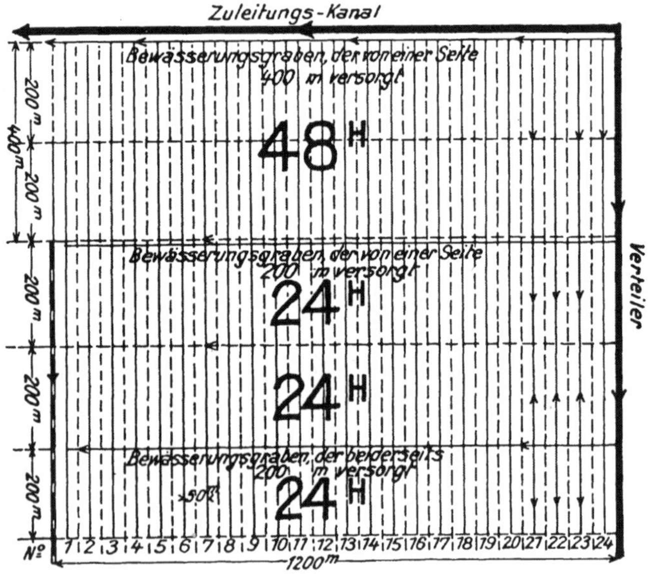

Abb. 19. Bewässerungssystem im Baumwollgebiet

bewässernde Flächen im Saheldelta im Höchstfalle $^2/_3$ der von Sorghum und Baumwolle eingenommenen Oberfläche angenommen. Zu beachten ist dabei, daß während des Monats Oktober und im Anfang des November das Neuauflaufen des Sorghum schon auf Grund der Feuchtigkeitsreserven des Bodens allein oft hinreichend sichergestellt ist. Ende November hört dies jedoch auf, und die Bewässerung wird notwendig. Zu diesem Zeitpunkt aber ist die Temperatur bereits niedrig und das Bedürfnis der Pflanzen für Wasser daher sehr herabgemindert. Der Bewässerungskoeffizient von $^2/_3$ darf deshalb als ein Höchstmaß angesehen werden.

Es genügt ferner zu wissen, daß in der bereits zugerichteten Zone des unteren Kalagebietes der Höchstausstoß an Wasser seitens der Verteiler je Hektar für die täglich zu bewässernden Flächen nur 0,85 l je Sekunde betragen hat. Dieser Ziffer muß allerdings der Betrag hinzugefügt werden, der vom Einfluß des Wassers in den

Sahelkanal an verloren gegangen ist, d. h. die Schlammverluste mitgerechnet: 15%. So ist man dazu gekommen, daß man die Maße der Hauptbewässerungskanäle auf 1 l/Sek. Wasserergiebigkeit eingerichtet hat.

Entwässerung

Unentbehrlich, wenn der Grundwasserspiegel sich in geringer Tiefe befindet — wie dies in Ägypten der Fall ist, besonders seitdem der Bau der Talsperre von Assuan die Bewässerung während des ganzen Jahres allgemein möglich gemacht hat — ist die Entwässerung der Kulturen der Regel nach mehr als hinreichend, sobald das Grundwasser sich, wie im Kala- und Kurumarigebiet, auf 30, 40 und 50 m unter der Bodenoberfläche hält. Die natürliche Versickerung und der mehr oder weniger unterirdische Abfluß der Wasser genügt. Es kommt jedoch vor, daß, wenn das Gelände des erforderlichen Gefälles entbehrt, es besser oder sogar notwendig ist, gewisse Verbesserungsarbeiten vorzunehmen. Die Hauptsache ist, für diesen Fall vorgesorgt zu haben, indem man die Wasserzuleitungskanäle so gebaut hat, daß sie in keinem Falle den Bau eines örtlichen oder allgemeinen Entwässerungsnetzes hindern. Man hat sich daher im vorliegenden Projekt zur Regel gemacht, unter allen Umständen die natürlichen Senken freizuhalten, durch die gegebenenfalls die Regenwasser und überschüssigen Bewässerungsmengen gesammelt werden können: und zwar gleichgültig, ob es sich dabei um Gefällinien ohne oder mit natürlichen Sickergräben oder um „marigots" (blind auslaufende Wasserläufe) handelt, die einstmals an ihrem oberen Ende die Flutwasser des Niger auffingen und die noch heute in ihrem unteren Lauf während einiger Wochen des Jahres mehr oder weniger wirksame Abflußbetten darstellen, die das Gerinnsel der Regenzeit fangen und abführen.

Um sich die Möglichkeit vorzubehalten, dieses Netz von Senken und Gräben für den Fall übermäßiger Flut für die Wasserableitung zu benutzen, läßt man in den Tiefstlagen einen Raum frei, der der Breite der eventuell einzubauenden Kanäle entspricht. Die Waldvegetation, die sich meist dort findet, wird grundsätzlich belassen. Man entfernt sie erst, wenn die Ableitungsgräben und -kanäle auf Grund der gemachten Erfahrungen notwendig scheinen und angelegt werden. Auf diese Weise behalten die Linien, die im Gelände das Entwässerungsnetz kennzeichnen die Pflanzendecke, die sie heute tragen. Es ist Sache des technischen Dienstes, der neben seinen andern Aufgaben auch mit der Sorge für die Landschaft beauftragt ist, diese

Streifen zu verstärken oder aber — wenn nötig — sie ganz zu beseitigen, sofern nämlich ihre feuchte Pflanzendecke aus Gründen der Beherbergung von gesundheitsgefährdenden Überträgern schädlich zu werden droht.

Zurichtung der Kulturländereien

Von S nach N und überdies gemäß der Natur der Böden schwankt die Dichte der Walddecke des Sahelischen Deltas. Während im größten Teile dieses Gebietes, im Kala, der Boden von einem ziemlich dichten Walde bedeckt ist, in welchem Baobabs, Kapokbäume und Dornbüsche vorherrschen, sind im Kurumari, Mema und in manchen Teilen des Farimake die Flächen oft völlig nackt.

Das erklärt sich in erster Linie und sehr natürlicher Weise aus den bereits erheblichen Verschiedenheiten des Klimas in diesen Provinzen: mehr als 300 mm Regenunterschied zwischen Sansanding und Lere. Aber es tauchen andere Faktoren auf, die in gewissen Fällen noch größere Bedeutung besitzen. Wenn die Böden, die die Masse der landwirtschaftlich nutzbaren Erde dieser Gebiete bilden, hinreichend eben sind und des Gefälles entbehren, bleiben die Regen, anstatt abzufließen, auf dem von der Sonne verhärteten Boden stehen und bringen die durch den Wind zugewehten wilden Samen zum Ertrinken bzw. Verfaulen. Nur einige Gräserarten vermögen in diesem Milieu zu keimen. Alles was Baum oder Busch werden könnte (ausgenommen Arten, die Sumpfgelände lieben und an den tiefsten Orten auch hier gedeihen) verschwinden. Wo allein eine Pflanzendecke sich zu bilden vermag, das ist da, wo der Keimling sich an einem etwas erhöhten Orte — einige Zentimeter genügen — festklammern kann, weil er hier der Überflutung und infolgedessen der Vernichtung entzogen ist.

Daher kommt es, daß in einem Lande, wie im Mema, der Baumwuchs sich im allgemeinen oberhalb des mittleren Niveaus hält, insbesondere auf den Dünenrücken und an den Hängen, die die toten Wasserarme einfassen. Ihr Verhältnis zu den nackten Flächen ist jedoch fast zu vernachlässigen (weniger als 5%), und man begreift, daß hier das Gelände den Nutznießern so, wie es ist, zur Kultur übergeben werden kann.

Anders im Kala, wo die Menge des wildwachsenden Holzes auf den Bewässerungsflächen manchmal 60 t je ha erreicht und sogar überschreiten kann. Hier ist die Durchführung einer Rodung — mindestens auf Teilen — gar nicht zu umgehen, und hat außer der Abräumung der über der Erde stehenden Teile der Bäume und Büsche auch die Entfernung des Wurzelwerks zu umfassen.

Rodung

Auf den ersten Blick erscheint diese Arbeit geradezu bedrückend, ja kaum durchführbar; sie würde es auch sein, wenn nicht Werkzeuge und Methoden angewandt würden, die dieser Aufgabe voll gewachsen sind. Sie zu finden, hat viel Mühe gekostet. Nach gründlichen Versuchen mit Handwinden (vom Typ Monkey), die keineswegs immer nur Mißerfolge zeitigte, wurde das Ausreißen mit von Dampflokomobilen gezogenen Trossen versucht. Mengenmäßig waren die Erfolge gut (7—8 ha Rodung je Arbeitstag). Aber zahlreiche Bäume zerbrachen, ohne völlig ausgerissen zu sein, was dazu zwang, die Arbeit der Beseitigung des Wurzelballens unter nunmehr erschwerten Verhältnissen erneut zu beginnen. Die beste Lösung wurde schließlich mit dem Raupenschlepper erzielt, ausgerüstet mit dem amerikanischen „Treedozer"-Apparat. Mit dem Caterpillar-Schlepper von 100 CV, der im nigerischen Delta benutzt wird, gelingt es, auf den dichtest bestandenen Holzländereien täglich 7—8 ha völlig zu entwalden. Diese Arbeit wird so geleistet, daß der Boden für die nachfolgende Operation der Grubberung und Einebnung vollkommen vorbereitet ist.

Das auf dem Gelände herumliegende Holz wird nach der Rodung von den zuziehenden eingeborenen Nutzungsberechtigten gesammelt und verbrannt.

Grubbern und Einebnen des Geländes

Der Hauptvorteil der Ländereien des Deltas gegenüber vielen anderen besteht darin, daß ihre Oberfläche fast immer völlig eben ist und ohne vorausgehende Planierung — eine Arbeit, die stets sehr kostspielig ist — bewässert werden kann. Von 100 ha haben im Mittel 90 nicht nötig, planiert zu werden. Auf den restlichen 10 ha sind die Erdbuckel gewöhnlich nicht weit voneinanderliegend und nicht sehr hoch. Zwischen Buckel und Senke beträgt die Entfernung in der Horizontalen selten mehr als 3—4 m und der Höhenunterschied in der Senkrechten selten mehr als 50 cm. Diese Art der Oberfläche kennzeichnet meist die sogenannten „Mursiböden" der Eingeborenen. Es sind dies die stark lehmigen, von Dornbüschen bedeckten, mit Kalknestern durchsetzten Böden, von denen schon oben einmal die Rede war. Diese Flächen werden, sobald sie von den Eingeborenen einigermaßen eingeebnet sind, was vorwiegend während der Trockenperiode geschieht, im Maße, wie sie fertig werden, allmählich in die Bebauungsfläche des eingeborenen Landwirts einbezogen.

Die bereits von Natur ebenen Ländereien, die die Maschine gerodet hat, werden dem Kolonisten dagegen nach Durchführung einer ersten

Grubberung von der Verwaltung saatfertig übergeben. Die Pflugarbeit erfolgt mit 3- oder 5-zinkigen Grubbern, die von der Raupenschleppe gezogen werden. Es wird vielleicht möglich werden, die erste Pflugarbeit — wenn die nigerische Kolonisation erst in vollem Zuge ist — den Eingeborenen selbst zu überlassen. Man wird dann damit rechnen können — mehr jedenfalls als heute — daß die bereits alteingesessenen Kolonisten den Neuankömmlingen beispringen, um ihnen die schwere Arbeit, die die erste Installation mit sich bringt, teilweise abzunehmen. Im Augenblick ist es jedenfalls unbestreitbar angebrachter, die Ländereien saatbereit in die Hände der Wirte zu legen. Man erreicht dadurch, daß sie von Anfang an erheblich höhere Ernten erzielen, als sie erzielen würden, wenn sie die erste Pflugarbeit selbst leisteten.

Ein Raupenschlepper mit einem Letourneau-Grubber schafft bei ununterbrochener Arbeit ein halbes Dutzend Hektar Grubberarbeit je Tag.

Einweisung der Kolonisten

Im allgemeinen werden die höhergelegenen Ländereien, die ihren Ursprung häufig der Dünenbildung verdanken, für den Aufbau der Siedlerdörfer vorbehalten. Falls es an solchen Orten fehlt, benutzt man die hohen Böschungen des alten Überschwemmungsnetzes oder — wenn gar nicht anders möglich — ebenes Gelände der landwirtschaftlich nutzbaren Zone, dessen Areal man von der Bebauung ausnimmt.

Die Dörfer

Am Anfang dieses Kapitels haben wir die Erfahrungen zusammengefaßt, die sich beim Aufbau der Dörfer im Gebiete von Kokry und Niono ergeben haben. Wichtig ist, festzuhalten, daß der Bau der Brunnen um 2 Kampagnen mindestens den übrigen Arbeiten voranzugehen hat. Falls der erste Brunnenversuch glückt, was sich erst erweist, nachdem mindestens eine Trockenperiode überwunden worden ist, kann im nächsten Jahre das Dorf errichtet werden. Im anderen Falle muß man an anderer Stelle erneut versuchen oder aber die Wasserversorgung auf regelmäßigen Entnahmen aus dem Oberflächenwasser aufbauen, das aus den Bewässerungskanälen abgeleitet wird.

Man hat mehrere Dorftypen ins Leben gerufen: solche zentral um einen Platz gelegen, mit Straßen, die sich im rechten Winkel schneiden, und solche in Form eines Halbkreises, bei denen die Straßen in radialer Richtung abgehen. Der Vorwurf, den man diesen Anlagen macht, ist die geometrische Regelmäßigkeit. Natürlich hat ein solches

Siedlerdorf nicht die malerische Buntheit der Menschenanhäufungen des Busches. Es hat aber andererseits auch nicht die Unbequemlichkeiten und die Gesundheitswidrigkeiten einer solchen, und das ist zweifellos das Wesentliche.

Überdies würde man, wenn man die Straßen nach Art der Eingeborenen zöge und die Hütten nach deren Geschmack aufbaute, unnütze Kosten verursachen. Örtliche Bausitten — für die wir gewiß mehr Sinn haben, als die Angelsachsen — kann man ohne besonderen Kostenaufwand nicht nachahmen. Was wir können und müssen, ist, den Eingeborenen Dörfer zu übergeben, die reinlich, gesund und weiträumig sind; es sind fast städtisch anmutende Anwesen, in denen sie bequem ihre Wohn- und Nebenräume, Ställe und Speicher unterbringen können. Es muß ihnen selbst überlassen sein, je nach Bedürfnis und Geschmack sich darin auszubauen und häuslich einzurichten. Wenn man sieht, was sie in gewissen Kolonisationsdörfern und mehr noch in den Städten Segu und Bamako in dieser Beziehung geleistet haben, braucht man nicht zu fürchten, daß sie auf unsere Hilfe lange warten werden.

Für den Aufbau der Hütten und Umzäunungsmauern der Konzessionen benutzt man als geläufigstes Material Luftziegel, die aus Lehmmörtel gestrichen werden. Es sind Versuche im Gange, die immerhin bedeutende Inanspruchnahme der Handarbeit, die diese Bauweise erfordert, noch einzuschränken.

Ausrüstung der Kolonisten

Wir haben bereits im vorigen Abschnitt die Vorteile angeführt, die man den eingeborenen Kolonisten bei ihrer Zuwanderung im Delta zubilligt. Ich wiederhole sie hier nochmals kurz zusammengefaßt mit besonderer Hinsicht auf die Baumwollsiedler des Sahelgebietes:

Freie Zureise für die Familien nebst aller Habe vom Ursprungsort bis zum Siedlerdorf.

Versorgung mit Lebensmitteln für den Kolonisten und seine Familie vom Tage des Verlassens seines Dorfes bis zur ersten Ernte in der Siedlung.

Ausstattung mit Vieh: 4 Arbeitsochsen und eine Milchkuh je Normalfamilie;

Desgleichen mit totem Inventar: 1 einfacher Pflug und 1 Häufelflug zur Erstellung der erhöhten Pflugdämme, beides je Normalfamilie; 1 zweirädriger Karren für je 2 Familien, und für jedes Dorf einige Gespannschaufeln und sonstige Ausrüstungen für gemeinsamen Gebrauch.

Pflanzung

Wenn auch die Einwirkung großer Rodungen auf das Klima und die Fruchtbarerhaltung der Böden oft überschätzt wird, kann man doch nicht völlig leugnen, daß eine solche vorhanden ist. Ungeheure Flächen, die man ohne genügende Überlegung im Laufe des letzten Jahrhunderts in den Hochebenen Amerikas gerodet hat, sind in Wüsten verwandelt worden. Aber nichts von dem hat sich andererseits im Becken des alten Ägypten oder auf den Reisfeldern des südlichen Indien ereignet, trotzdem in beiden Ländern diese Flächen seit Jahrtausenden ihrer ursprünglichen Waldvegetation beraubt worden sind. Dies deswegen, weil sowohl längs des Nils wie des Kavery die Böden durch ihren hohen Gehalt an Lehm der Verwehung einen Widerstand entgegensetzen, den die sandigen Böden Westamerikas nicht annähernd aufzubringen vermögen.

Wenn auch der Mehrzahl nach die Böden des nigerischen Deltas nicht ganz so dicht sind, wie die Ägyptens, so haben sie doch eine analoge physikalische Zusammensetzung. Man kann also damit rechnen, daß sie sich auch nach der Rodung und Inkulturnahme ähnlich wie sie verhalten werden. Diese Annahme schließt natürlich nicht aus, gewisse Vorsichtsmaßnahmen ins Auge zu fassen. Es ist überdies und nicht nur aus dem eben betrachteten Gesichtspunkte heraus nützlich, gewisse Waldreserven durchzuhalten. Aus ihnen werden die Kolonisten Brennholz und hier und da auch Bauholz ziehen können. Es ist deshalb auf allen höher gelegenen, der Bewässerung nicht zugänglichen Geländen, soweit sie nicht durch Dorflagen in Anspruch genommen werden, die Walddecke zu erhalten, wie ebenso in denjenigen Tiefenlagen, die später vielleicht einmal für die Auslegung des Entwässerungsnetzes zu benutzen sind. Die dauernde Durchfeuchtung des Untergrundes in der Umgebung der Verteilerkanäle gibt außerdem die Möglichkeit, längs ihren Ufern Waldbäume hochwüchsiger Art anzupflanzen, die später gutes Werkholz abwerfen werden. Die Bewässerungsfelder würden auf diese Weise längs der Hauptkanäle und ihrer Abzweigungen von windbrechenden Kulissen geschützt werden.

Inmitten der Dörfer werden gutgewachsene Bäume des ursprünglichen Busches, wenn sie den Aufbau der Hütten und Umzäunungsmauern nicht hindern, stehen gelassen. Die Straßen bekommen Anpflanzungen von Obstbäumen und die Plätze solche von Schattenbäumen. Der Landwirtschaftsdienst stellt außerdem jedem Kolonisten, der darum bittet, Schmuck- und Ertragsbäume jeder Art zur Verfügung, die in den Baumschulen der Versuchsstation Soninkura gezogen werden. Die Unterhaltung der Anpflanzungen innerhalb der Dörfer geht zu Lasten der Kolonisten. Die Anpflanzung der Windschutzkulissen längs des Bewässerungsnetzes ist dagegen ein Teil des Zehnjahresplanes und geht zu Lasten von Sonderausgaben, die im Kostenvoranschlag berücksichtigt sind.

Verkehrswege

Im Innern der Bewässerungsquartiere sind Feldwege angelegt, die — mindestens während der Trockenzeit — für leichte Automobile und Ochsenwagen benutzbar sind und längs der Kanäle und ihrer Verzweigungen einherlaufen. Ebenso ist jedes Dorf durch eine Dauerstraße mit dem endgültigen Wegenetz verbunden, das längs der Hauptkanäle gezogen ist, und dessen Steingrundierung allmählich im Maße des Bedürfnisses und der verfügbaren Mittel der Kolonistengenossenschaften bzw. der Kolonie vorgesehen ist.

Innerhalb der einzelnen Quartiere laufen die Wege bei den Genossenschaftsspeichern und industriellen Verarbeitungsanlagen zusammen, als da sind: Baumwollentkörnungsfabriken, Ölpressen usw., die, soweit wie irgend möglich, in unmittelbarer Nachbarschaft des Sahelkanals zu liegen kommen.

Dank seiner Schleusen gestattet dieser Kanal der Schiffahrt zwischen Kurumari und Sansanding die dauernde Verkehrsmöglichkeit zum Niger. Während der Bewässerungsperiode (Juni/Februar) für Schlepper und große Schuten offen, wird sein Wasser selbst während der Zeit des Tiefstandes auf einem Niveau gehalten, das hinreicht, um den Verkehr wenigstens der mittleren Fahrzeuge des Niger zu ermöglichen. Die Wassermengen, die der Kanal während dieser Zeit dem Niger entzieht, gefährden im übrigen dessen eigene Schiffbarkeit flußabwärts von Sansanding in keiner Weise.

Es wird einmal ein Zeitpunkt kommen, wo die wirtschaftliche Entwicklung des Bewässerungsgebietes den Bau einer Eisenbahn nötig machen wird, die, an das allgemeine afrikanische Netz angeschlossen, das Bewässerungsgebiet von einem Ende zum andern zu durchlaufen hat. Im ägyptischen Sudan verbindet bereits heute eine längs des blauen Nils durch die Provinz Gezira gebaute Eisenbahn die Talsperre von Makhwar mit Kartum. Auch die bewässerten Doabs des Punjab sind heute bereits von einem ziemlich dichten Eisenbahnnetz erschlossen.

Der Anschluß des bewässerten Deltas einerseits an die Eisenbahnen von Dakar und der Elfenbeinküste und andererseits an diejenige, die den Niger mit dem mittelländischen Meere verbinden wird, (deren Bau vielleicht verzögert aber niemals verhindert werden kann[1]), muß früher oder später einmal stattfinden. Bis dahin ist es möglich, die Erzeugnisse des nigerischen Deltas auf dem Wasserwege, und zwar über den Sahelkanal bis zum Stauwerk von Sansanding und von da ab flußaufwärts wie flußabwärts auf dem Niger selbst mit wenig Kosten in die einzelnen Gebiete von A.O.F. oder nach Übersee zu transportieren. Dank des Rückstaus, der durch die Barre von Sansanding entsteht, und der seine Wirkung auf mehr als 100 km aufwärts dieses Punktes fühlbar machen wird, wird die Schiffahrt für die großen und mittleren Schiffsgrößen auf diesem Flußlauf ständig werden. Erst in der Nähe von Kulikoro wird der Fluß während der Trockenzeit seiuen heutigen Charakter bewahren. Arbeiten, die man unternommen hat, um auch in diesem Gebiet seine Schiffbarkeit zu verbessern, haben günstige Resultate in Aussicht gestellt. Die Sudankolonie hat beschlossen, diese Arbeiten mit Nachdruck weiter zu verfolgen. Zur Not würde immer noch die Möglichkeit übrig bleiben, die Endstation der Dakar-Nigerbahn etwas weiter flußabwärts zu verlagern.

Der Beamtenstab der Siedlung

Überwachung der Kolonisation

Um dem eingeborenen Kolonisten die Anwendung des Pfluges und der Gespanntiere beizubringen, um ihn daran zu gewöhnen, sein Vieh gut zu ernähren und zu pflegen, um ihm das Funktionieren der wasserwirtschaftlichen Anlagen verständlich zu machen, um ihm die Vorbereitung der Felder für die Bewässerung und alles das, was er dazu zu unternehmen hat, geläufig zu machen, ist es eine Selbstverständlichkeit, daß man ihm beruflich geschultes Personal zur Verfügung stellt. Dieses wird aus europäischen Siedlungsberatern und aus eingeborenen Hilfskräften zusammengesetzt.

In einem voll in Nutzung genommenen Siedlungszentrum genügen für eine Fläche von 2500 ha 1 Berater und 2—3 Helfer.

Die Siedlungsberater unterstehen den Anordnungen der Siedlungsinspektoren. Außer der Aufgabe der Überwachung übernehmen die letzteren die eigentliche Leitung der landwirtschaftlichen Eingeborenengenossenschaften. Sie führen die Bücher und die Tagebuchblätter über die Nutzung und den Gesundheitszustand in der Kolonie. Sie entscheiden über Vorschüsse auf Ernten und sichern

[1]) Inzwischen hat die Französische Regierung mit dem Bau dieser Bahn, dem sogen. „Transsaharien", im Frühjahr 1941 begonnen.

deren Abtransport zum Verkaufsmarkt. Außerdem fällt ihnen die Aufgabe zu, sich um die Unterhaltung und Entwicklung des Viehstandes, die Bereitstellung der neuen Saaten, die Heranschaffung künstlichen Düngers, die Ausführung von Arbeiten innerhalb des Arbeitsdienstprogramms und der laufenden Unterhaltung aller Einrichtungen zu kümmern. Der Regel nach übt ein Inspektor seine Obliegenheiten auf einer Fläche von rund 15000 ha aus. Es ist möglichst dafür zu sorgen, daß die Fläche, die ihm zugeteilt wird, mit der Einteilung der Quartiere zusammenfällt. So sind vorgesehen: 5 Inspektoren im unteren Kala einschließlich des Quartiers von Kolodugu und 5 Inspektoren in Kurumari.

Jeder Inspektor wird unterstützt von einem europäischen Rechnungsführer und einem Techniker, der mit der Unterhaltung der wasserwirtschaftlichen Werke und den Transporten beauftragt ist.

Für Unterbringung des Personals und der Büros usw. sind die notwendigen Bauten vorzusehen. Sie sind hergestellt aus Luftziegeln, Kalksandsteinen oder Lateritstampfbau; das Gerüst aus Metall, die Dächer aus Wellblech mit Schutzdecke. Zu diesen Gebäuden kommen die vorübergehenden Unterkunftsräume (in gestampftem Lehm mit Rohrdach), die für das zusätzliche Personal zu Beginn der zunächst sehr arbeitsreichen Kolonisation bestimmt sind, bis dieses Personal in anderen Quartieren neue Verwendung findet. Schließlich ist jedes System der Aufsicht eines technischen Generalinspektors unterstellt, der von einem Ingenieur, einem Arzt und einem Tierarzt, alles Europäer, sowie einem hinreichend zahlreichen unteren Personal unterstützt wird, um seiner schwierigen Aufgabe gewachsen zu sein. Sitz der Oberaufsicht, ausgerüstet mit allen dazu notwendigen Einrichtungen, ist Niono für das untere Kala (das Quartier von Kolodugu eingeschlossen) und Ciella für Kurumari.

Gesundheitsdienst

Jedes Quartier und, wenn nötig, sogar Unterabteilungen desselben, wenn sie eine mittlere Größe von 15000 ha erreichen, wird mit einem Hilfsarzt, einer Hebamme, und mindestens so viel Krankenwärtern ausgestattet, wie es Siedlungsberater dort gibt.

Außer den Wohngebäuden für dieses Personal sind vorgesehen: Untersuchungsräume für Arme, ein Mütterheim, ein Lazarett für die Unterbringung Infektionskranker und der Dienst für erste Hilfe; letzterer in der Weise, daß für jedes Dorf ein Helfer zur Verfügung steht. Das ganze ist in dauerhaftem Material und ausgestattet mit dem entsprechenden Mobiliar erbaut. In dieser Hinsicht sind die

Erfahrungen von Sotuba richtunggebend. Die Mütterheime müssen hinreichend geräumig sein, um 80—90% der wahrscheinlich im Gebiet vorkommenden Entbindungen Raum zu geben; die Armensprechzimmer müssen hinreichend dicht beieinander gelegen sein — wenn nötig mittels fliegender Ambulanzen — um die Eingeborenen, soweit sie die Hilfe des Arztes in Anspruch nehmen wollen, nicht durch zu weite Entfernung abzuschrecken.

Schuleinrichtungen

Wenn man wünscht, daß die Landschulen im Bewässerungsgebiet die Schuljugend der Kolonistendörfer an sich ziehen sollen, darf man den Kindern keine Schulwege von mehr als 5 km zumuten. Aus diesem Grunde muß in jedem Sektor eines Siedlungsberaters eine Schule mit hinreichender Klassenzahl (höchstens 60 Schüler je Klasse) eingerichtet werden.

Es werden zur Zeit große Anstrengungen gemacht, um den Unterricht dieser Schulen stärker auf den zukünftigen Beruf der Schüler einzustellen. Was in dieser Beziehung bisher erreicht ist, bedarf jedoch ernster Nachprüfung. Es ist gewiß notwendig, daß der landwirtschaftliche Unterricht den begabtesten Schülern ermöglicht, ihre Ausbildung an besseren Schulen fortzusetzen, andererseits aber, daß die Masse der Schüler den Traditionen des Landlebens nicht entfremdet wird. Es ist dies in erster Linie eine Frage der Durchbildung der Lehrer, der Aufstellung des Lehrplanes und in hohem Maße auch eine Sache der dauernden Zusammenarbeit zwischen dem Lehrpersonal und dem höheren Kolonisationspersonal des ganzen Gebietes.

Landwirtschaftliche Einrichtungen

Zur Stunde kommen die Elitesamen, die für die Nigerkolonisten bestimmt sind, aus den Versuchsstationen von Banankoro und Kayo am Niger. Seit einigen Monaten ist auch im unteren Kala die Hilfsstation von Niono eröffnet. Dort werden die Reinsaaten amerikanischer Baumwollsorten, die von Banankoro geliefert werden, vermehrt, um dann ausgesuchten Landwirten überlassen und schließlich dem allgemeinen Anbau zugeführt zu werden. Gleichfalls werden in Niono Zuchtarbeiten vorgenommen, die die Schaffung neuer Baumwollsorten zum Ziele haben, welche Aussicht bieten, im nigerischen Delta besonders zu gedeihen.

Aber wenn auch all diese Einrichtungen heutigen Bedürfnissen genügen, bei Ausführung des Zehnjahresplanes werden sie sehr schnell unzureichend werden. Im englisch-ägyptischen Sudan setzt sich der „Research Service" von Gezira außer dem Direktionspersonal wie folgt zusammen: 2 landwirtschaftliche Betriebswissenschaftler, 4 Botaniker, 5 Chemiker (2 davon sind Bodenkundler), 2 Pflanzenpathologen, 4 Zuchtinspektoren und 8 Entomologen), sämtlich anerkannte Spezialisten. Ohne den Ehrgeiz zu haben, in dieser Beziehung mit der englischen Großzügigkeit wetteifern zu wollen, müssen wir doch als unbedingt notwendig verlangen, daß auch im Nigerdelta eine Versuchsstation eingerichtet wird, die im angemessenen Verhältnis zur Bedeutung dieser Unternehmung steht. Wenn man an die Vielfältigkeit der Beobachtungen und Untersuchungen, die ihr obliegen, und an das Ausmaß der privaten wie öffentlichen Interessen, denen sie dienen soll, denkt, sieht man, daß es nicht möglich sein wird, das Personal für diesen Zweck niedriger zu halten, als folgendem Bestande entspricht: 1 Direktor, 1 Ackerbauinspektor, 1 Entomologe, 1 Zuchtinspektor, 1 Pflanzenpathologe, 1 Chemiker und 1 Forstmann.

Für die Bestellung der Felder sowohl der Versuchsstationen wie der Eingeborenen dient folgender Jahresarbeitsplan als Richtlinie:

15. Juni—15. Juli:	Zurichtung der Erddämme, Ansaat von Sorghum und Leguminosen (Erdnüssen und Futterleguminosen) — gegebenenfalls Bewässerung.
1. Juli—1. August:	Zurichtung der Erddämme im Baumwollschlag — Saat der Baumwolle ab 20. Juni — gegebenenfalls Bewässerung.
1. August—1. September:	Ende der Ansaat von Baumwolle — Hacken und Vereinzeln der Baumwollpflänzlinge — Hacken der Sorghum- und der Erdnußschläge — gegebenenfalls Bewässerung.
1. September—1. Oktober:	Hacken der Sorghum-, Baumwoll- und Erdnußschläge — Bewässerung.
1. Oktober—1. November:	Beginn der Sorghumernte und Abfuhr des Strohs. Ernte der Erdnüsse und der Futterleguminosen. — Ansaat von Futterleguminosen im Sorghumschlag — Bewässerung
1. November—1. Dezember:	Ende der Sorghumernte und Ansaat von Zwischenfrüchten — Abfuhr des Sorghumstrohs — Sorghumdrusch — Bewässerung — Vorbereitungsfurche für den nächstjährigen Baumwollschlag.
1. Dezember—1. Januar:	Beginn der Baumwollernte — Bewässerung — Ende der Vorbereitung des nächstjährigen Baumwollschlages.
1. Januar—1. Februar:	Baumwollernte — Bewässerung.
1. Februar—1. März:	Ende der Bewässerung — Baumwollernte und Futterpflanzenernte
1. März—1. April:	Ende der Baumwollernte — verschiedene Zurichtungsarbeiten — Stoppelumbruch.

1. April—1. Mai:	Arbeitsdienst — verschiedene Zurichtungsarbeiten — Stoppelumbruch — Jäten und Verbrennen der Baumwollstengel.
1. Mai—1. Juni:	Ruhe.
1. Juni—1. Juli:	Stoppelumbruch — Herrichtung der Arbeitsgeräte — Düngerfahren auf Baumwollschlag.

Tierzuchtstationen

Parallel den Einrichtungen für die Pflanzenzucht sind solche für die Tierzucht zu schaffen und zwar mit Mitteln, die sich mit der hohen Verantwortung, die auf diesem Gebiete besteht, in Einklang halten. Zur Zeit umfaßt dieser Dienst folgende Einrichtungen:

Abteilung für Ankäufe von Leistungstieren, der mehrere landwirtschaftliche Helfer zur Verfügung stehen, die auf den Eingeborenenmärkten diese Tiere auswählen und erwerben, um sie dann in der Zuchtstation von Missibugu zusammenzuziehen und für die Kolonisten vorzubereiten.

Im Vorbereitungszentrum von Missibugu in der Provinz Kokeri werden die Tiere gegen die landläufigen Seuchen geimpft (Rinderpest, Lungenseuche usw.) und bekommen die erste Anleitung für den Gespanndienst.

Es befinden sich außerdem dort die Abteilungen für Überwachung und Pflege des Viehstandes. Das Personal des Veterinärdienstes untersteht seinerseits im ganzen Siedlungsgebiet der Aufsicht der Kolonisationsinspektoren.

Die in Missibugu und in den Untersektoren zur Verwendung kommenden Sera stammen aus dem Tierzuchtlaboratorium von Bamako. Da dieses seit langem weit über seine Kraft in Anspruch genommen ist, ist es unerläßlich, für die Bedürfnisse des Kolonisationsgebietes des Nigerdeltas eine eigene derartige Hauptstation ins Leben zu rufen.

Aufbewahrung und Behandlung der Ernten

Die Hauptfrüchte, deren Behandlung im sahelischen Delta unter dem Gesichtspunkt der Schaffung guter Marktware notwendig ist, sind die Baumwolle und die Erdnuß.

Die Vorbereitung der Erdnuß für den Export besteht in ihrer Entschälung, die mit dem Geringstmaß an Bruch von Nußkernen auszuführen ist. Dieses Industrieproblem ist bereits seit langem in Englisch-Indien gelöst worden, wo motorische Entschäler diese Arbeiten zu voller Zufriedenheit ausführen. Seit einigen Jahren seitens des technischen Dienstes des Nigergebietes auch in A.O.F. eingeführt, haben sich diese Apparate in Senegal und im Sudan überall verbreitet.

Das praktischste Modell wird von einem Motor von 10—12 Pferdekräften angetrieben. Diese Maschine entschält stündlich 1 Tonne an Erdnüssen und genügt infolgedessen im Nigerischen Bewässerungsgebiet für eine Fläche von 8—10000 ha, vorausgesetzt, daß die Erdnuß den ihr zukommenden Platz in der Fruchtfolge nicht überschreitet.

Die Bearbeitung der Rohbaumwolle ist schwieriger. Die Ernte ist zur Entkörnungsfabrik zu transportieren, wo dann die Faser nach Trennung vom Korn in Ballen zusammengepreßt werden muß. Um aus den Körnern das darin enthaltene Speiseöl zu gewinnen, sind sie zunächst von ihrem Lint zu befreien, dann zu entschälen und schließlich auszupressen. Diese verschiedenen Arbeitsgänge fallen 2 getrennten Industrien zu. Die erste liefert die Gespinnst- und Schießbaumwolle, die zweite Speiseöl und Baumwollsaatkuchen für Futterzwecke. Nach den Erfahrungen der Entkörnungsfabrik von Niono, die die Association Cotonniére Coloniale vor kurzem nach modernsten Mustern eingerichtet hat, muß man auf eine gleichzeitig auf die Beseitigung der Körner wie des Lints eingestellte Fabrik 15—20000 ha Bewässerungsfläche rechnen, wobei damit gerechnet ist, daß in der Fruchtfolge die Baumwolle mit 3jährigem Intervall rotiert.

Es ist naturgemäß nur vorteilhaft, wenn man die Entkernung der Baumwolle möglichst nahe dem Platze vornimmt, wo man sie aufspeichert. Das Gebiet, das dem Zehnjahresplan zugrunde liegt, ist infolgedessen endgültig mit zehn solchen Entkörnungsfabriken zu versehen und dementsprechend mit ebensoviel Ölpressen. Anschließend an sie sind Speicher zu errichten, in denen mindestens ein Teil der Rohbaumwollernte untergebracht werden kann; daneben Räume zur Einlagerung von Preßkuchen, entschälten Erdnüssen und Baumwollsaatöl, die zum Verkauf bestimmt sind. 2500 qkm Industriegelände genügen, um für das oben gekennzeichnete Einzugsgebiet all diesen Bedürfnissen Rechnung zu tragen.

Düngerversorgung

Zu diesen Einrichtungen wird in nicht zu langer Zeit eine Anlage zwecks Abbau der Phosphate von Tamagilel treten sowie die dazu notwendigen Transporteinrichtungen und ein Rohphosphatmahlwerk.

Einige hundert Kilometer vom Niger abgelegen, nahe dem Flecken In-Tassit im Norden von Burem, sind die Phosphatlager von Tamagilel, deren Mächtigkeit, niedrig gerechnet, auf 20 Millionen Tonnen geschätzt wird, im Tagebau nutzbar. Eine Straße in festem Gelände ermöglicht mindestens während 8 Monaten mit schweren Lastkraftwagen das Produkt nach Burem zu transportieren. Von dort können die Rohphosphate in der Trockenzeit längs des Flusses weiter transportiert werden. Während des jährlichen Anstiegs der Flut, also vom 1. August bis 1. Februar kann ihr Transport nach Sansanding auch auf dem Flusse selbst erfolgen. Nach Zermahlung in einem Werk, das seinen Antrieb von dem dem Stauwerk angegliederten Kraftwerke empfängt, kann dann das Fertigprodukt jeden Augenblick durch die beiden großen Zubringerkanäle in das Bewässerungsgebiet des Sahel und des Macina weitertransportiert werden.

Post- und Verkehrsdienst

Um die Fortbewegung des in den verschiedenen Zweigen des Landwirtschaftsdienstes, des Gesundheitsdienstes und der Wasserwerke selbst stehenden Personals zu erleichtern, stehen leichte Automobile zur Verfügung. Die schweren Lastkraftwagen, die innerhalb der Bewässerungsquartiere verwandt werden, gehören zum Material der Eingeborenen-Genossenschaften und werden infolgedessen von diesen erworben und auch von ihnen unterhalten.

Die Sitze der Kolonisationsverwaltung und der Industrieunternehmungen sind mit telephonischem Anschluß versehen, die sie instand setzen, über das allgemeine Netz der Kolonie untereinander wie mit der Außenwelt in Verbindung zu treten. Auch die großen Wasserwerke des Macinakanals und des Sahelkanals sind auf diese Weise bereits telephonisch angeschlossen. Desgleichen wird dies für das Regulierwerk von Niono nach Vollendung seines Baues der Fall sein.

Alle diese Einrichtungen sind im Voranschlag des Zehnjahresplanes berücksichtigt. Soweit sie eine bloße Erweiterung des postalischen Netzes der Kolonie darstellen, hängen sie vom Budget der Kolonie des Französischen Sudan ab.

Kostenfragen

Auf die Einzelkosten und die Wirtschaftlichkeit des Gesamtwerkes des inneren Nigerdeltas hier zahlenmäßig einzugehen, würde den gesteckten Rahmen überschreiten, würde auch nur für den Spezialfachmann von Interesse sein. Wer sich dem Studium dieser Fragen hingeben will, muß auf das Originalwerk (S. 177—190) verwiesen werden.

C. Zukunftsprogramme

Obgleich es immer mißlich ist, Tatsachen vorweg nehmen zu wollen, wenn es sich darum handelt, Unternehmungen von langem Atem zu beurteilen, dürfte es doch gestattet sein, eine Art Voranschlag über die Möglichkeiten der Baumwollerzeugung im nigerischen Zentraldelta zu versuchen, wenigstens um die Grenzen dieser Möglichkeiten aufzufinden.

Die große Nivellementskarte in Kilometerschraffur, die den sahelischen Teil des Deltas voraussichtlich bis Ende 1941 festlegen wird, läßt heute bereits erkennen, daß gegenüber den Annahmen des Projektes 1929 interessante Erweiterungen zu verzeichnen sind. Zwischen den Bewässerungssystemen, die im W vom Sahelkanal, im NO vom Macinakanal beherrscht werden, liegt eine ganze Provinz, das Kokeri und Kareri, deren Nutzbarmachung zu jener Zeit unmöglich schien. Heute weiß man, daß man diese Provinz mittels eines Zweigarmes, der am Knick von Bokiwere vom Macinakanal abgezweigt wird und der die Dünenhänge, die die Provinz von drei Seiten einfassen, an einem natürlichen Einschnitt durchstößt, an die kanalisierten Wässer des Niger anzuschließen vermag. Der Zweigarm erreicht dieses Loch der Kette, nachdem er etwa 50 km fast geradlinig nach Norden verläuft.

Rechts wie links dieses Zweigarms können infolge dieser Entdeckung über 150000 ha guter Baumwolländereien in das Gesamtbewässerungssystem einbezogen werden. Das Kokeri, dessen unterirdische Wasserverhältnisse mit zu den armseligsten gehören, ernährte einstmals — zahlreiche Dorfruinen bezeugen es — eine bedeutende Bevölkerung. Das fortwährende Absinken des Grundwassers, das man jetzt erst bei 60—70 m — manchmal noch tiefer — antrifft, hat das Land in eine Art Wüste verwandelt. Durch die Zuführung und Verteilung der Wasser des Niger wird ihm das Leben — und zwar viel intensiver und blühender als jemals zuvor — wiedergegeben werden.

Im NO des Kokeri-Karerigebietes dehnen sich bis zum Laufe des Issa-Ber Ländereien gleicher Natur aus, deren Erfassung im Projekte 1929 vernachlässigt worden war. Die Westflanke des von großen Seen durchsetzten Beckens bildend, in dem sich zu großem Teil und natürlicherweise die Wasser des Niger sammeln und versickern, ist diese Region von Reihen sehr alter und teilweise schon lateritisierter Dünen durchschnitten, deren Richtung ungefähr von O nach W verläuft und deren Abstand voneinander ungefähr 3—5 km beträgt. Die jährlichen Überschwemmungen, die entweder vom Debosee oder vom Issa-Ber zwischen diesen Dünen vordringen, haben dort ähnliche Ablagerungen

9*

wie sonst im Delta abgesetzt. Die Arbeiten, die notwendig sein werden, um auch diese Ländereien nutzbar zu machen, können im Augenblick noch nicht näher beschrieben werden. Was man aber schon jetzt sagen kann, ist, daß sie notwendigerweise eine Eindeichung des linken Ufers des Issa-Ber nötig machen werden, die an die Dünenketten des Südens anschließt und das untere Macinagebiet der Überschwemmung der Seenzone überläßt. Dieser Deich würde dem Issa-Ber bis oberhalb Attara zu folgen haben, wo der blind endende Flußarm („Marigot") von Niombi beginnt, der den Tendasee mit Wasser versorgt.

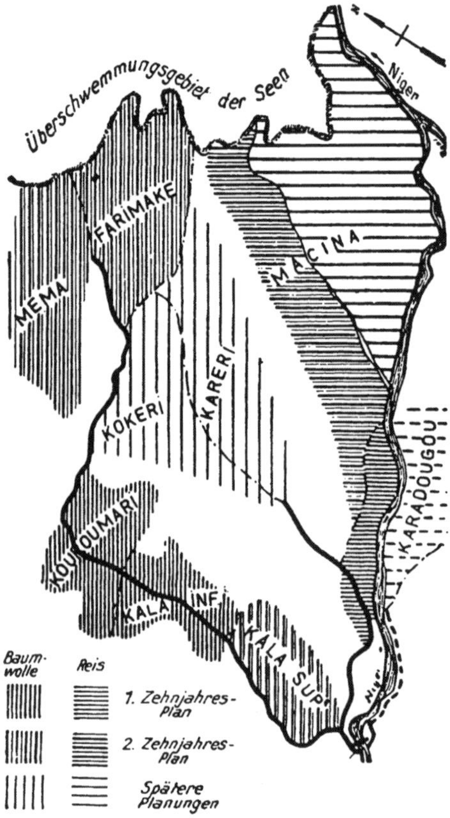

Abb. 20. Entwicklung des Zentraldeltas (Reihenfolge der Planungen)

Die Entwässerung des unteren Farimake (dies ist der Name dieses Gebietes) würde durch die geradlinigen Senken erfolgen, die zwischen den Dünen eingeschlossen sind und die mit dem Tendasee in Verbindung stehen. Der Zusammenhang mit dem Issa-Ber würde durch Grundwehre vermittelt werden, die zur Zeit des Tiefstwassers offenstehen. Es ist unmöglich — selbst roh gegriffen — die Ausdehnung der Böden abzuschätzen, die auf diese Weise weiterhin der Überschwemmung der Seenzone abgerungen würden; sicher ist nur, daß die Zahl oberhalb von 100000 ha liegen wird.

Im ganzen — und es ist keineswegs kühn, es zu behaupten — erreicht die Fläche, die auf dem linken Ufer des Flusses für Baumwollkultur geeignet ist und vom Stauwerk von Sansanding mit Wasser versorgt werden kann, 800000 ha, wenn diese Ziffer nicht gar überschritten wird.

Angenommen, daß die landwirtschaftliche Nutzung dieser Ebenen auf einem 3jährigen Fruchtfolgesystem aufgebaut wird, das als Hauptfrucht einen Baumwollschlag enthält, so können — die bisher erzielten Ertragsziffern zugrunde gelegt — an diesem Textil etwa 80—100000 t zukünftig dort erzeugt werden.

Das erste Zehnjahresprogramm mit seinen 150000 ha Baumwollländereien würde unter den genannten Anbaubedingungen 15000 t bei Durchschnittsernten von 900 kg Rohbaumwolle je Hektar liefern; wenn man die Erträgnisse der Provinz Gezira erreichte, würden es sogar 20000 t sein.

Das ist wenig, wenn man den Bedarf unserer Industrie dagegen hält. Um so mehr müssen alle Anstrengungen gemacht werden, um die Ausnutzung des ganzen Deltas zu beschleunigen. Zwei Bewässerungssysteme — wir haben oben bereits darauf hingewiesen — können (außer dem Kala und Kurumari, die bereits ganz oder teilweise innerhalb der Durchführungen des ersten Programms liegen) sofort ohne jede Verstärkung der Hauptwasserwerke hergerichtet werden. Die Oberflächen, die im Mema- und Farimakegebiet durch die eben geschilderten neuen Systeme erfaßt und gleichfalls durch den Sahelkanal erreicht werden, sind im Jahre 1929 auf 210000 ha geschätzt worden. Es ist wahrscheinlich — das scheint jedenfalls aus den endgültigen Studien, die in diesen Provinzen durchgeführt sind, hervorzugehen — daß diese Ziffer noch erheblich hinter der Wirklichkeit zurückbleibt. Wenn man dann weiter bedenkt, daß die Gebiete des oberen Kala ebenfalls außerhalb des ersten Programms geblieben sind, so sieht man, daß — dieses mit einbegriffen — es ohne Schwierigkeit möglich ist, einen verbesserten Plan aufzustellen, der 250—300000 ha erfassen würde, von denen man 25—35000 t Baumwolle ziehen könnte.

Es würden dann, abgesehen vom unteren Farimake, nur noch die Ebenen von Kokeri und Kareri, die vom Macinakanal her erreichbar sind, übrig bleiben, d. h. eine Fläche von mehr als 400000 ha, von denen 350000 bewässerbar sind und wohl geeignet, 35—45000 t Baumwolle zu erzeugen.

Die Kolonisation dieser im Augenblick völlig menschenleeren Gebiete hängt, wir wiederholen es, lediglich von der Einwanderung aus dem Sudan ab, ausgenommen vielleicht einige nördliche Teile des Farimake- und des Memagebietes.

Es gibt aber außerdem andere Möglichkeiten, um aus Übervölkerungsgebieten in diese menschenleeren Provinzen große Zahlen von Siedlern zu bekommen. Es handelt sich um jene Abkömmlinge der schwarzen Sklaven, die man zur Zeit der Karawanen in die südlichen Gebiete Algeriens und Marokkos verschleppt hat und die heute dort ganze Gegenden überdicht bevölkern. Mag sein, daß zwingende Gründe gegeben sind, die sich einer solchen Einwanderung entgegenstellen; möglich ist sie jedenfalls. Und wenn meine gegen den Strom schwimmende Meinung sich durchsetzen sollte, würden zur gegebenen Zeit Maßnahmen zu ergreifen sein, um in diesen einsam gelegenen Gebieten solche Neuankömmlinge unterzubringen. Das Mema sowie das obere Farimake stellen unter diesem Gesichtspunkt alle erwünschten Vorbedingungen zur Verfügung. Beide Provinzen sind sozusagen während der Trockenperiode völlig unbewohnt. Die Bevölkerung der seltenen Dörfer, die sich hier und da einmal finden, verbleibt nur während eines Regenwinters in diesem Gebiet. Wenige Wochen nach Ablauf der Regenzeit begibt sie sich mit ihrem Vieh auf die Weiden des unteren Macina.

Von August bis November ist das Memagebiet der Zufluchtsort der Herden, die aus den überschwemmten Gebieten des Deltas fliehen. Diese Provinz ist heute im wesentlichen ein Land der Wanderweide und sonst von landwirtschaftlichem Standpunkte aus wertlos. Sein Verfall datiert aus jener Zeit — und sie liegt im großen gesehen noch nicht zu fern — wo der Niger aufhörte, dieses Land zu überschwemmen. Vorher sicherte die jährliche Überflutung der tiefer gelegenen Ebenen die Auffüllung des unterirdischen Grundwassers und gab damit der Landwirtschaft die Möglichkeit, sich auf den durchfeuchteten Ländereien zu entwickeln. Nachdem diese Überflutungen aber aufgehört haben, ist auch der Untergrund ausgetrocknet, und jede Art der Kultur hat aufgehört, zu existieren. Die wenigen Bewohner des Mema beschränken sich heute darauf, da sie die Alluvialböden dieses Seengrundes nicht mehr, wie sichs gehört, bestellen können, auf den Dünengeländen etwas Hirse zu bauen.

Gleichgültig ob dieses Gebiet durch die Schwarzen des Nigergebietes oder jene Nordafrikas kolonisiert wird, auf alle Fälle ist es zu einer großen Zukunft berufen. Man trifft hier tatsächlich — wie auch im oberen Farimake — die besten Baumwollböden des Deltas. Das verhältnismäßig trockene Klima (300—350 mm jährlichen Regens) sagt auch den ägyptischen Baumwollsorten zu und nicht nur den amerikanischen. Im N durch tote Dünen begrenzt, die während der Regenzeit von einem dichten Mantel grünen Pflanzenwuchses bedeckt sind, hat diese Gegend das Privileg, an ihrem unmittelbaren Rande Weidegründe zu besitzen, die es zulassen, daß man auf ihnen sowohl den Viehstapel der seßhaften Bauernbevölkerung wie auch den der Wanderhirten vereint.

Falls das Programm von jenseits der Sahara Zuwanderer heranzuholen, greifbare Formen annehmen sollte, trotzdem es heute rein theoretisch ist, würde man der Herrichtung und Besiedlung dieser Provinz zunächst einen Versuch mit einigen hundert Individuen und Hektaren voraufgehen lassen und erst dann im Maße der Möglichkeit die Bevölkerungsverschiebung großen Maßstabs aus Algier und Marokko hinüber zum Niger folgen lassen.

Aber — und das möchte ich ganz besonders betonen — wenn die Mithilfe Nordafrikas, die gleichzeitig diesem Gebiet einen Teil seiner drückenden Überbevölkerung nehmen würde, auch einen glücklichen Einfluß auf die beschleunigte Nutzbarmachung der in Frage kommenden Gebiete haben würde, festzuhalten bleibt, daß rein bevölkerungsmäßig gesehen, diese Hilfe nicht unerläßlich ist. Kein Grund liegt vor, zu behaupten, daß das sudanische Hinterland nicht auch allein in der Lage wäre, das Delta ebenso gut und ebenso schnell zu besiedeln, wie der ägyptische Sudan die Provinz Gezira.

Von nicht weniger großer Bedeutung, wie der nigerische „Cotton Belt", sind auch die Ländereien, die der Reiskultur günstig sind. Auf dem linken Ufer hat das Projekt von 1929 die Ausdehnung solcher Ländereien auf 500000 ha angenommen. Soviel man heute über diesen Punkt weiß, nachdem man mit den endgültigen Studien im Westen des Diaka bis zum Wasserstand der Seenzone vorgestoßen ist, zeigt es sich, daß diese Schätzung nichts Übermäßiges an sich hat. Außerdem bestätigen die in Kokeri eingerichteten Reisfelder, die bereits 4 Jahre lang in Benutzung sind, daß — was die Fruchtbarkeit der Ländereien und ihre spezielle Eignung für die Reiskultur anbelangt — die Voraussagen des Projektes in nichts übertrieben waren.

Zu den für Reiskulturen verwendbaren Flächen des linken Ufers des Niger kommen aber noch jene des rechten Ufers hinzu. Sie bedecken die Provinz Karaduga und einen Teil des Pondori und erstrecken sich vielleicht auf 2—3000 qkm. Ihre Bewässerung würde durch einen Kanal vollzogen werden, der sich aufwärts des Staues von Sansanding vom Niger abzuzweigen hätte und auf den ersten Kilometern das Bett des oben beschriebenen Schiffahrtskanals mit benutzen könnte. Es kann hier nicht die Frage sein, schon heute irgendeine Andeutung darüber zu machen, wann die wirtschaftliche Entwicklung von A. O. F. diese Erweiterungen des nigerischen Reisanbaugebietes erzwingen wird und diese Arbeiten unter die nicht nur nützlichen, sondern sogar dringlichen aufzunehmen sind. Die Notwendigkeit dazu kann noch fern liegen; sie kann aber im Gegenteil auch nahe gerückt sein, wenn sich nämlich die verschiedenen natürlichen Reichtümer Westafrikas in der Weise entwickeln wie jene der niederl.-indischen Kolonien der Malayenstaaten, in denen ein halbes Jahrhundert genügt hat, um sie in ungeahnter Weise zu bevölkern und reich zu machen.

VIII. Sonstige Pläne

Das Gebiet der Seen

Stromabwärts von Mopti noch über Timbuktu hinaus durchläuft der Niger eine Ebene, die 250 km lang und — am Punkte ihrer größten Ausdehnung — 200 km breit ist. Nach Art des Sedd am Weißen Nil stellt sie ein ausgesprochenes Aufsaugebecken dar. Geteilt in 3 Hauptarme: Issa-Ber, Bara-Issa und Koli-Koli, schickt der Niger zur Zeit des Hochwassers in die seitlichen Grabengebiete einen bedeutenden Teil seiner Fluten, die sich dann beim Fallen der Flut teilweise wieder in ihn zurückergießen.

Infolge der Struktur dieser Wüstenebene — von Wogen parallellaufender Dünen durchzogen, zwischen denen die horizontal gelagerten „Marigots" das Reservoir bilden — ist diese Seenregion der Bewässerung mit natürlichem Gefälle wenig günstig. Die Neigung des Geländes in der Längsrichtung ist überhaupt kaum nennenswert: weniger als 1 m auf 100 km. Hier wären vielmehr praktisch Bewässerungen mit mechanischen Hebewerken angebracht. Das ist auch das System, das die „Compagnie de Culture Cotonnière du Niger" in Dire mit Erfolg angewandt hat, und zwar auf Ländereien, die sonst in allen Punkten — besonders was ihre Formation und ihre physikalische und chemische Zusammensetzung anbelangt — den Böden des sahelischen Deltas ähnlich sind.

Gewisse an der Peripherie gelegene Gebiete weisen jedoch einen anderen Charakter auf. Die Grabenseen des Tele, des Fagibine und der Dauna liegen ausgesprochen niedriger als das Niveau des Niger bei Tiefstwasser. Die „Marigots" von Kundi und von Tassakant, die diese Seen mit dem Fluß verbinden, würden ständig fließen, selbst in Jahren mit sehr niedrigem Wasserstand, wenn nicht Felsschwellen ihren Lauf unterbrächen.

Sobald kurz nach Auftreten der Hochflut im Seengebiet das Wasser die Höhe dieser Schwellen erreicht, beginnen der Kundi und der Tassakant, die sich vor Gundam miteinander verbinden, ihre Wasser in den Telesee zu ergießen. Sobald dieser einen gewissen Stand erreicht hat, schickt er seinerseits seine Wasser in den Fagibinesee. Das Ende dieser

Seenkette bilden die Daunaseen, die mit dem Fagibine durch einen ziemlich engen, geschlängelten Kanal (Daunakanal) verbunden sind. Sei es nun, daß dieser Kanal durch Sandmassen verstopft ist, sei es, daß das Hochwasser im Seengebiet sein Niveau für die Dauer gesenkt hat, die vom Niger kommenden Wasser erreichen heute nicht mehr die Seen des Daunagebiets. Die großen Überschwemmungen, die durch die ungewöhnlichen Hochwasser von 1924 und 1925 hervorgerufen wurden, haben — wie übrigens auch im Jahre 1894 — Ras-el-Ma, den äußersten Punkt des Fagibine in Richtung nach O, erreicht,

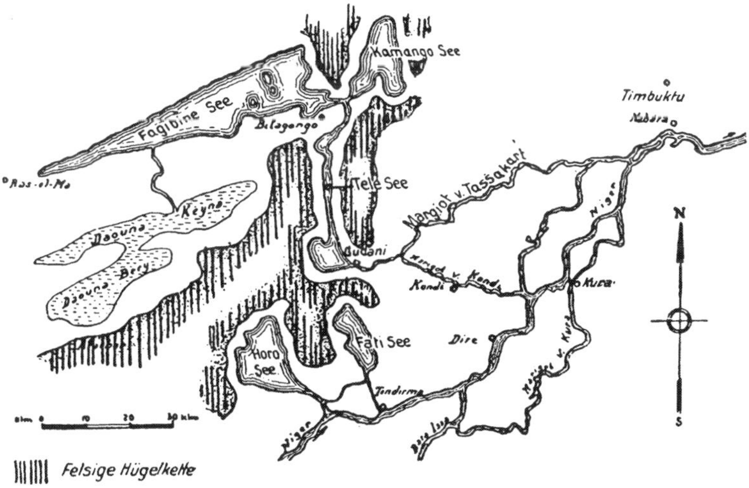

Abb. 21. Nördliche Seenzone

ohne in jene Zubringerkanäle einzudringen. Zweifellos erkennen wir hierin eine neuzeitliche Erscheinung des Fortschreitens der Eintrocknung, derselben, die in älteren Zeiten die Alluvialböden des Aklegebietes im NW von Fagibine und zweifellos in gleicher Richtung noch andere weiter abgelegene Gegenden der Überschwemmung entzogen hat.

Die Verhältnisse der Seenkette Tele-Fagibine-Dauna ähneln in mehr als einer Hinsicht denjenigen von Fayum, jener ägyptischen Provinz, die — vom Tal des Nil durch die lybische Höhenkette getrennt — die Nilfluten durch den Bar-Jussuf und den Einschnitt von Lahun erhält. Die alten Ägypter hatten dieses Depressionsgebiet als Reservoir (Moerissee) ausgebaut, das während des Hochwassers gefüllt und bei Sinken der Flut teilweise wieder in den Nil abgelassen wurde. Heute ist dieser alte See, abgesehen von seiner niedrigst gelegenen Partie, dem Karunsee, ausgetrocknet. Die abhängigen früheren Seegründe empfangen jedoch durch den Bar-Jussuf das nötige Wasser, um die darauf angelegten Bewässerungskulturen damit zu versorgen.

Die Grundsätze, auf denen die Wasserversorgung des Fajûm beruht, gelten auch für die drei nigerischen Seen. Die Studienkommission (1919/20) hatte folgendes Projekt empfohlen: Die Profile längs des Kundi und Tassakant durch Schleifung der störenden Bodenschwellen zu berichtigen, den Telesee mit Hilfe eines an seinem Nordende einzubauenden Stauwerks als Wasserreservoir herzurichten, den Fagibine teilweise trocken zu legen und seine hängigen Gründe damit der Bewässerung zu erschließen sowie endlich durch Bau eines Kanals, der

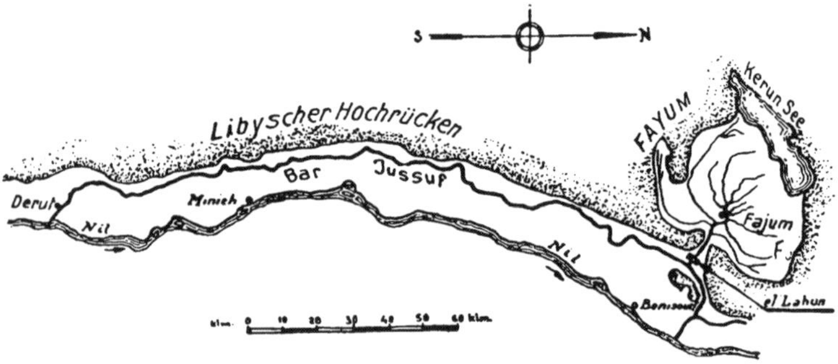

Abb. 22. Fajûm

das Stauwerk von Tele mit dem natürlichen Kanal von Dauna verbindet, auch diese letzten Grabenbildungen des Seengebietes an die Bewässerung anzuschließen.

Vor einigen Jahren neu aufgenommene Studien dieser Gegend haben zur Aufstellung eines neuen Projektes geführt, das jene erste Auffassung dahin abändert, daß der Telesee in das Bewässerungsgebiet mit einbegriffen wird und als Reservoir an seine Stelle die oberhalb gelegenen Seen Horo und Fati treten. Durch eine künstliche Abzweigung am Nordende dieser letzteren Grabenbildung, die dem Laufe des Vitaliskanals folgt und schließlich bei Gundam endet, würde die Verbindung mit dem Telesee hergestellt werden. Man schätzt die Gesamtoberfläche der im Gebiete des Tele-, Fagibine- und der Daunaseen bewässerbaren Ländereien auf einige 100000 ha.

Die Kultur ägyptischer Baumwolle, die bei Dire vollkommen gelungen ist, würde hier im Großen betrieben werden können. Das einzige technische Hindernis, das zu überwinden bleibt, besteht in den Nachtfrösten, die hier bereits während der Wintermonate häufig sind. Man darf jedoch annehmen, daß durch Unterhaltung hinreichender

Wassermengen in den unteren, sonst ausgetrockneten Partien der Daunaseen die Temperatur verhindert werden würde, so weit zu fallen, daß sie solcherweise die Nutzbarmachung gefährdete.

Grenzgebiete der Sahara

Angenommen, daß endgültig das Bewässerungsgebiet des Zentraldeltas und der nördlichen Seenregion aus 200000 ha Reisländereien und 800000 ha Baumwollfeldern bestünde, so würden diese Flächen jährlich dem Niger eine Wassermenge entziehen, die auf alle Fälle unterhalb 10 Milliarden Kubikmeter läge. Die zur Zeit im Seengebiet zur Verdunstung und Versickerung kommenden Wassermengen überschreiten jährlich 30 Milliarden Kubikmeter. Man sieht, daß es mittels geeigneter Arbeiten möglich ist, einerseits den landwirtschaftlichen Böden des Deltas und der Seenregion die notwendige Bewässerung zu sichern und andererseits erhebliche Wassermengen zu gewinnen, die für weitere Regionen verfügbar gemacht werden könnten, ohne dabei die Wasserverhältnisse des unteren Nigerlaufes zu verschlechtern.

Die Arbeiten, die erforderlich wären, um die zur Zeit zwischen Mopti und Timbuktu verlorengehenden Wassermengen zu erfassen, würden von großer Einfachheit sein. Sie hätten in der Errichtung von Deichen geringer Höhe zu bestehen, die die Überflutung all jener Teile der Seenregion verhinderten, wo eine solche sinnlos ist. Das ist auf etwa drei Viertel der Gesamtausdehnung der Fall, wo nämlich die sandige Natur der Böden trotz periodischer Überflutung weder Ackerbau noch Großviehzucht gedeihen läßt. Einzig und allein die Aufzucht von Schafen vermöchte dort Fuß zu fassen, wenn nämlich eine gewisse Wasserregelung die Haltung und Ausweitung der Weiden während der Trockenzeit sicherstellt und die Bewirtschaftung der Hauptdünenländereien in ähnlicher Weise aufgezogen werden würde, wie dies in Australien, Südafrika und Südamerika üblich ist.

Aber auch dann, wenn fast die ganze Seenzone in dieser Weise hergerichtet werden würde, wären die dazu nötigen Wassermengen des Niger um vieles geringer als die, die heute nutzlos versickern. Es würden also immer über jene der Bewässerung dienenden Mengen hinaus beträchtliche Wasserreserven verbleiben, 10 Milliarden Kubikmeter und mehr, deren landwirtschaftlicher Wert in diesen trockenen Ländern kaum überschätzt werden kann.

In einer weit zurückliegenden Vergangenheit, als der Niger noch in das saharische Grabengebiet des Djuf mündete, hatte er nordwestlich von Timbuktu mächtige Alluvialschichten abgelagert. In den nachfolgenden Trockenzeiten hat die Wüste nach S hin Raum gewonnen, indem sie die Kanäle, durch die das Wasser des Stromes eindrang, verstopfte und die Ebenen, in denen es sich ausbreitete, mit Dünen bedeckte. Aber die Verwehung mit sterilem Wüstensand war nicht allgemein. Es blieben in diesen saharischen Gebieten bedeutende Gebiete agrarischen Bodens oberflächlich bestehen, die nach ihrer Zusammensetzung denen des Deltas völlig ähnlich sind und die, um sie wieder reich zu machen, nur des Wassers und der menschlichen Arbeit bedürfen.

Der Kapitän Urvoy, der im Jahre 1937 das Gebiet durchforschte, schätzt diese Ländereien von Akle (östlich von Ualata) auf 60000 qkm. Um sie wieder mit Leben zu erfüllen, könnte die Zuführung des Nigerwassers vom Auslauf jenes oben gekennzeichneten Endkanals von Fagibine oder direkt aus diesem See vorgenommen werden. Nach Urvoy liegt nämlich das Aklegebiet um 20 m tiefer als der Fagibine. Um also für dieses Gebiet die Bewässerung sicherzustellen, würde es genügen, einige sandige Schwellen westlich und nördlich von Ras-el-Ma zu beseitigen.

Jenseits des alten Aklesees, dessen Bodenfläche jetzt von lebendigen Dünen durchsetzt ist, versperrt die fossile Dünenkette des Aragib den Durchweg zum Djuf. Dies ist, so sagt Urvoy, das einzige Hindernis, das den Wassern, die vom S durch die Senke von Akle kommen würden, den Weg nach Meraya versperren, jenem Zentralbecken, in das sich der alte Niger einst ergoß.

So die Sprache der Geographie! Aber diese einstmals von dem großen sudanischen Strom bewässerten Gebiete liegen heute im Herzgebiet saharischer Einsamkeit, hunderte von Kilometern vom jetzigen Laufe entfernt. Fast überall sind es reine Wüsten völliger Trockenheit. Gewiß ist ihre Auferweckung nach vielen tausend Jahren der Unfruchtbarkeit theoretisch nicht unmöglich. Das einzige, was man jedoch darüber sagen kann, ist, daß ein solches Werk enorme technische Probleme stellen würde, an deren Lösung eine nahe Zukunft noch kein Interesse hat.

Der untere Niger

Unterhalb Timbuktu bis Tosaye ist der Niger an gewissen Punkten seines Laufes von alluvialen Ebenen eingefaßt, die teilweise von seinen Fluten alljährlich überschwemmt werden. Man findet hier in geringerem Umfange wieder, was uns in viel größerem Maßstabe in der eigentlichen Seenzone begegnet ist. Gewinnungsarbeiten sind möglich und auch von gleicher Natur, wie ebenso die Methoden der Bewässerung.

An den Stromschnellen von Labbezanga hört der schiffbare Lauf des sudanischen Niger auf. Von dort an bis Niamey versperren zahlreiche Felshindernisse den Fluß und machen den Verkehr der Schiffe selbst während der Hochflut schwierig. Man hat Studien eingeleitet, die den Bau von Kanälen ins Auge fassen, um die Schiffbarkeit des Flusses für Fahrzeuge mittlerer Größe zu allen Zeiten des Jahres sicherzustellen.

Das Klima, das südlich vom Debosee sahelischen Charakter trägt, ändert sich unterhalb von Labbezanga. Die Regen werden wieder häufiger und der Anbau der Kulturen im Trockenfeldbau, der in der Seenregion kaum betrieben wurde, gewinnt von neuem die Gunst der Eingeborenen. Aber hier wie in den entsprechenden Gebieten, die der mittlere Niger unterhalb von Segu durchfließt, ist der Ackerbau mit Unsicherheiten belastet, die hier um so schwerer wiegen, als die Bevölkerung bei weitem nicht die landwirtschaftliche Begabung besitzt, wie die Rassen des oberen Flußlaufes. So kommt es, daß hier Hungersnöte häufig sind. Es ist kaum 10 Jahre her, daß ein wahres Hungersterben den Tod von mehr als 15000 Menschen verursachte.

Das Tal des Niger ist hier unglücklicherweise ziemlich stark eingeschnitten und daher dem Bewässerungsverfahren wenig günstig. Nirgendwo gibt es hydrographisch gesehen Verhältnisse, die an jene des Deltas oder der nördlichen Seen erinnern. Die Nützlichkeit zwingt trotzdem, an die Durchführung einzelner Projekte zu denken.

Es würde sich darum handeln, zwischen Tillaberi und Gayo, dem letzten französischen Ort an der Grenze Englisch-Nigerias, eine Anzahl landwirtschaftlicher Produktionszentren zu schaffen, die die Möglichkeit gäben, in der Zeit von April oder Mai an, in der gewöhnlich die Nahrungsmittelknappheit in Erscheinung tritt, eine hinreichend große Menge von Lebensmitteln dem Konsum zur Verfügung zu stellen und so der bedrohten Bevölkerung die Möglichkeit zu geben, die nächste Ernte ungefährdet abzuwarten. Es gibt Getreidesorten, besonders unter den Mais- und Hirsearten, deren Vegetationszeit weniger als 100 Tage erfordert. Unter Bewässerung brauchen diese Pflanzen für Wachstum und Reife die Monate von Februar bis April. Zu dieser Zeit hält sich in diesem Gebiet die Flut des Stromes gerade auf ihrem Höhepunkt. Das Problem ist also, Ländereien zu finden, die hinreichend niedrig liegen, um vom Hochwasser versorgt zu werden — selbst in den schlechtesten Jahren — und andererseits hinreichend hoch, um während des Absinkens der Flut wieder entwässert und in Ordnung gebracht zu werden.

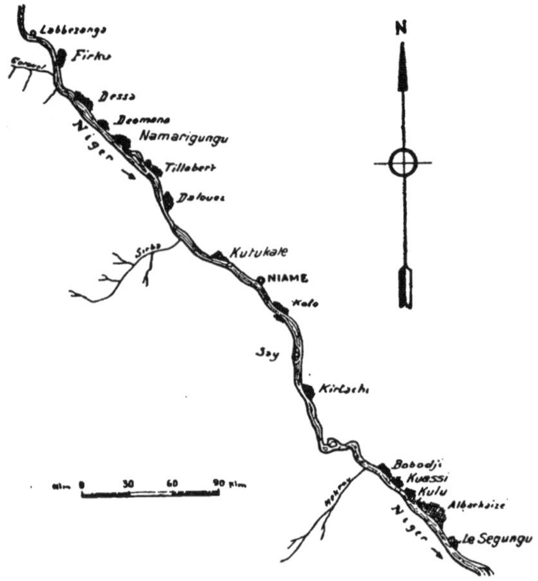

Abb. 23. Bewässerungsgebiete des unteren Niger

Man findet solche Ländereien am mittleren Lauf des Niger — wenn auch in unregelmäßiger Verteilung — zwischen Labbezanga und der englischen Grenze. Eine provisorische Liste zeigt folgende Flächen:

1. Abschnitt Labbezanga-Tillabery:	Firku	300 ha	
	Dessa	1000 ha	
	Niumana	500 ha	
	Namarigungu	1000 ha	2800 ha
2. Abschnitt Tillabery-Niamey:	Tillabery	450 ha	
	Daluei	420 ha	
	Kutukale	200 ha	1070 ha
3. Abschnitt Niamey-Bamba:	Kolo	460 ha	
	Kirtachi	250 ha	
	Bamba	150 ha	860 ha
4. Abschnitt Bamba-Gayo:	Kuassi	70 ha	
	Bangaya	250 ha	
	Kulu	2650 ha	
	Segungu	250 ha	3220 ha
		Gesamtfläche rund:	8000 ha

Das im Jahre 1935 begonnene Studium dieser Flächen hat im Jahre 1937 unterbrochen werden müssen. Nach den vom technischen Dienst gesammelten Unterlagen sind die im 4. Abschnitt aufgeführten

Flächen von Kulu bei weitem die bedeutendsten und interessantesten. Das diesbezüglich aufgestellte Vorprojekt befaßt sich mit der Herrichtung von 2630 ha, geteilt in 2 Unterabschnitte: einen hochgelegenen und einen tiefer gelegenen. Gegen die Überflutung durch einen Deich geschützt, würde die Gesamtfläche dieses Gebietes vom Januar ab bewässert werden können. Der Rückstand der wieder abfließenden Wasser würde sich in den Senken sammeln, in denen infolgedessen am besten Reiskultur betrieben werden könnte. Gewisse Ländereien würden jährlich nur eine Ernte zulassen, andere deren zwei. Bewässerungs- und Winterkulturen zusammen würden jährlich aus dem Kuluabschnitt 4500 t Getreide gewinnen lassen, von denen 2500 t unter allen Umständen vor der Zerstörung durch Dürre und Heuschrecken geschützt sein würden. Die Nahrung für 20000 Menschen wäre damit für 5 Monate sichergestellt.

Derartige Landgewinnungen sind ähnlich denen, die die Engländer in Indien Sicherungsarbeiten nennen. Obgleich sie der Durchführung solcher — der hohen Kosten und der verhältnismäßig geringen Ergebnisse wegen — die Überführung von Bevölkerungsüberschüssen aus zu dicht besiedeltem Gebiet in leicht bewässerbare vorziehen, haben sie dennoch und unter mannigfaltigen Umständen erhebliche Summen in diese „Protective Works“ hineingesteckt. Die Wahl zwischen den beiden Systemen ist für sie keine Grundsatzfrage; sie hängt von den örtlichen Umständen ab.

Es ist unsere Pflicht, die Bevölkerung des unteren Niger vor der Rückkehr der Katastrophe von 1930 zu bewahren. Um dies zu erreichen, ist zweifellos das beste Mittel, die Inseln fruchtbarer Erde am mittleren Laufe des Niger zu gewinnen und der Lebensmittelerzeugung zuzuführen.

Aber wenn auch derartige Unternehmungen die Bevölkerung davor bewahren mögen, völlig zugrunde zu gehen, niemals werden sie hinreichen, ihr ein besseres, lebenswertes Dasein zu verschaffen; sie sichern nicht jene Gesundheit und jenes Wohlleben, das unter der tropischen Sonne mit regelmäßiger Bewässerung Hand in Hand geht.

Die bescheidenen Arbeiten der vorgeschriebenen Art würden also zwar jene Kalamitäten unterdrücken, denen die Einwohner des unteren Niger bisher immer wieder ausgesetzt waren. Sie können jedoch nicht hindern, daß die Menschen dieser Gegend immer wieder der Versuchung unterliegen, in den Gebieten des nationalfremden Südens ein weniger mittelmäßiges Leben zu suchen und zu finden. Es gab eine Zeit, wo die Songhai des unteren Niger den Issa-Ber und einen Teil des nigerischen Deltas erobert haben. Die Marokkaner haben sie später von dort vertrieben. Vielleicht wäre es in ihrem eigenen Interesse wie in dem der Allgemeinheit gelegen, sie wieder dorthin zurückzuführen.

IX. Das „Office du Niger“

Als am 16. März 1931 der französische Kolonialminister den „Generalplan der Erschließung des Nigerischen Zentraldeltas“ billigte, brachte er gleichzeitig dem Generalgouverneur von Französisch-Westafrika gegenüber zum Ausdruck, daß alle Maßnahmen, die dieses große Unterfangen nötig macht, in rationellster und wirksamster Weise durchzuführen seien.

Auch von sonstigen öffentlichen Stellen wurde anerkannt, daß ein Werk derartiger Bedeutung nicht möglich war, „ohne eine Leitung, die sich bewußt blieb, daß sie alle Interessen, die irgendwie in Frage kamen, in acht zu halten hatte und die bereit war, sich ihrer Aufgabe voll hinzugeben“, aber weiterhin auch nicht möglich war, ohne „einen geübten Stab, der vom toten Gewicht aller Versager befreit wurde, ohne eine innere Atmosphäre des Vertrauens, ja selbst der Begeisterung, kurz ohne eine in jeder Beziehung hochwertige Organisation, die mit den nötigen Vollmachten ausgestattet, die Gewähr der Dauer und Zuverlässigkeit in sich trug. Selbstverständlich dürfte sie dabei dem Gerüst der autonomen Verwaltung Westafrikas in keiner Weise Abbruch tun“.

Die Beschlüsse, zu denen ein aufmerksames Studium des Projekts von 1929 den Minister geführt hatte, waren im übrigen bereits teilweise den örtlichen Autoritäten nahe gebracht worden. Ein besonderer technischer Dienst (S.T.I.N.) war als direkter Staatsbetrieb mit der Errichtung der wassertechnischen Werke betraut worden. Auf Anordnung des Generalgouverneurs war ein Service du Niger, angeschlossen an die Verwaltung der Kolonie des Sudan, im Jahr 1930 ins Leben gerufen worden. Aber die oberste Stellenbesetzung der Kolonie und dieses Dienstes hatten unvorhersehbarerweise schnell gewechselt; das hatte die Wirksamkeit des erst 1 Jahr vorher geschaffenen technischen Instrumentes stark beeinträchtigt. Auf diese Weise wurde gleich von Anfang an am lebendigen Beispiel demonstriert, daß die neue Organisation mit mehr Gewähr für Dauer, Initiative und Machtvollkommenheit ausgestattet werden müsse.

Dies der Anlaß, warum der Generalgouverneur Brévié dem

Kolonialminister die Ersetzung des Service du Niger durch ein öffentliches Unternehmen autonomer Art vorschlug[1]).

Dieses Unternehmen, das Office du Niger, wurde durch Verordnung vom 5. Januar 1932 ins Leben gerufen; Einzelheiten wurden später durch die Verordnungen vom 26. Mai 1932, 10. Juli 1936 und 4. November 1937 ergänzt bzw. abgeändert. Ausgestattet mit zivilrechtlicher Eigenpersönlichkeit und finanzieller Unabhängigkeit, wurde das Office du Niger beauftragt, die Erschließung und Nutzbarmachung des Nigertals in Angriff zu nehmen. Es wird unter der Oberaufsicht des Generalgouverneurs von einer Direktion verwaltet, der ein Verwaltungsapparat zur Seite steht, dessen Mitglieder ihre Befugnisse unentgeltlich ausüben und die das Recht haben, dem Amt die allgemeine Richtung zu geben, es zu beraten und zu kontrollieren.

Die geldlichen Quellen dieses Unternehmens sind von Anfang an und noch heute zu gutem Teil aus Subventionen des Generalgouvernements von A.O.F. und der Kolonie des französischen Sudan geflossen. Daneben entspringen sie in wachsendem Maße aus den Beiträgen, die die nigerischen Kolonisten im Maße der ihnen übergebenen und in Kultur gebrachten Flächen zu zahlen haben.

Das Jahresbudget dieser Körperschaft ist auf diejenigen Summen beschränkt, mit denen die Kolonie A.O.F. diejenigen Verwaltungszweige, an deren Stelle das Office du Niger getreten ist, hätte ausstatten müssen, eine Summe, die sich nach dem Gesamtvoranschlag von 1932 auf 4359623 Frs. belief. Auf diesem Stande ist der Betrag der Einkünfte und ordentlichen Ausgaben seitdem ungefähr auch geblieben. Nach den einzelnen Jahren aufgeführt, ergibt sich folgende Zahlenreihe:

Jahr	Etatsvoranschlag
1933	4130000 Frs.
1934	4350000 Frs.
1935	3890000 Frs.
1936	4060000 Frs.
1937	3920000 Frs.
1938	4330000 Frs.
1939	4272274 Frs.

Die Gliederung des Office du Niger — gemäß den Vorschriften, die seinen technischen Aufbau bestimmen — ergibt sich aus folgender Aufzählung seiner Einzeldienste und ihrer Zuständigkeiten:

[1]) Generalgouverneur Brévié ist heute Präsident der nach deutschem Muster aufgezogenen Gruppe Französischer Kolonialunternehmungen.

Wassertechnischer Dienst: Studien auf geologischem, topographischem und wasserwirtschaftlichem Gebiet und ganz allgemein alle Maßnahmen, die auf das Studium des großen Einzugsgebietes des Niger Bezug haben und der Vorbereitung der Generalprojekte zur Erschließung und Nutzbarmachung desselben dienen.

Landwirtschaftsdienst: Bestimmung der Kulturen, die zu verbessern, zu entwickeln oder einzuführen sind; praktische Untersuchungen jeder Art, die die Nutzbarmachung des Nigerbeckens angehen; Vermehrung von Saaten und eingeführten oder verbesserten Pflanzen; Vorbereitung und Berichterstattung über landwirtschaftliche Planungen.

Laboratorien: Das Amt verfügt über Laboratorien der Chemie, Botanik, Pflanzenkrankheiten und Entomologie, in denen die wissenschaftlichen Studien über die örtlichen Produktionsfaktoren und die Elemente ihrer Schädigung sowie schließlich die Mittel, solche Schädigungen zu bekämpfen, betrieben werden.

Statistik und Pressedienst: Alle Veröffentlichungen, französische wie ausländische, die die verschiedenen Wissenszweige und technischen Gebiete angehen, die für die Arbeit des Amtes wichtig sind, werden zentralisiert, gesammelt und geordnet von einem Personal, das außerdem die Aufgabe hat, sich mit den entsprechenden Stellen des Mutterlandes, der Kolonien und des Auslandes in Verbindung zu halten, um von ihnen Ergänzungsauskünfte einzuholen bzw. sich durch ihre Vermittlung Material, Produkte und Saaten zu verschaffen die geeignet sind, die wirtschaftlichen Möglichkeiten der nigerischen Länder zu erweitern.

Versuchsstationen: Die Versuche, die sich auf die landwirtschaftlich-wissenschaftlichen Zweige beziehen, werden in folgenden Anstalten durchgeführt:

Soninkura — 1 km von Segu entfernt, ist diese Versuchsanstalt insbesondere auf das Studium der Obst- und Waldbäume und der Futterpflanzen eingestellt. Hier werden die Pflanzenarten und -varietäten, die aus dem Auslande stammen — abgesehen von der Baumwollpflanze — untersucht und erprobt. Nahezu 1000 exotische Pflanzen sind bisher durch diese Anstalt eingeführt und mit verschiedenen Ergebnissen angebaut worden.

Banankoro. 12 km von Segu entfernt, ist Banankoro die Zentralversuchsanstalt zum Studium der Baumwollpflanze. Ihre Aufgabe ist eine doppelte: einerseits die Baumwollvarietäten zu bestimmen und zu verbessern, die dem sudanischen Klima (vom Niger in Höhe Segu bis zur oberen Elfenbeinküste) zusagen und andererseits die gleiche Arbeit für diejenigen Varietäten zu leisten, deren Anbau insbesondere für das nigerische Delta in Aussicht zu nehmen ist. Hier in Banankoro hat man die bekannten Varietäten Allen und N'Kurala selektioniert, deren Anbau sich zur Zeit in den Bewässerungsgebieten des nigerischen Sahel ausbreitet. Die indische Varietät Budi ist dort gleichfalls Gegenstand gründlicher Zuchtarbeit gewesen, dank deren man Stämme isoliert hat, die ein Handelsprodukt ergeben, das den Vergleich mit den amerikanischen Sorten durchaus aushält.

Kavo. Diese Station liegt im oberen Macina und ist dementsprechend insbesondere auf das Studium der Reispflanze und ihres Anbaus eingestellt (Varietäten, Fruchtfolge, Düngung). Die in Nienebale, Sotuba und Kokry angebauten Reisvarietäten stammen aus der Selektionsarbeit dieser Anstalt.

Niono. Diese Baumwollstation liegt im Kala und ist besonders damit beschäftigt, die im engeren Bewässerungsgebiet des Sahelkanals anzubauenden Baumwollvarietäten zu verbessern und zu vermehren. Niono erzeugt die für die Kolonisten dieser Baumwollzone bestimmten Saaten und sorgt für die Aufrechterhaltung ihrer Qualität, indem sie von Zeit zu Zeit die Saat der Eingeborenen durch Reinsaat ersetzt. In Niono ist es auch, wo die Zuchtarbeiten vorgenommen werden, die die Anpassung ägyptischer Baumwollpflanzen an das für sie etwas zu feuchte Klima des Kala und des Kurumari zum Ziele haben. Mitten im Baumwollerzeugergebiet gelegen, hat Niono die Hilfsstation von Segine und Sokolo die in diesen beiden Provinzen gleichen Namens errichtet waren, ersetzt, nachdem deren Aufgaben mit Beendigung der allgemeineren Vorstudien zu Ende geführt waren.

Dienst der öffentlichen Arbeiten und der industriellen Verwertung. — Dieser Dienst umfaßt:

Eine Studienabteilung, die mit der Vorbereitung und Abfassung von Projekten beauftragt ist, die sich mit öffentlichen Arbeiten und insbesondere mit wasserwirtschaftlichen Werken sowie der Gewinnung von Landgebieten zum Zwecke ihrer landwirtschaftlichen Nutzbarmachung befassen;

Abteilungen zur Ausführung öffentlicher Arbeiten und deren Leitung im Sinne industrieller Weiterverarbeitung.

Kolonisationsdienst. Dieser Dienst umfaßt:

Eine Propagandastelle, die mit der Aufklärung der eingeborenen Bevölkerung hinsichtlich des Siedlungsvorhabens im Bewässerungs-

10*

gebiet beauftragt ist. Sie hat gleichzeitig alle Siedlungslustigen listenmäßig festzuhalten und zur gegebenen Zeit ihre Zureise sowie ihre erste Einrichtung und alle damit zusammenhängenden Maßnahmen vorzubereiten und zu bewerkstelligen;

Kolonisationsabteilungen, die der Einteilung des Bewässerungsgebiets parallel laufen und die sich der Anleitung der Kolonisten, der Aufsicht ihrer Kulturen und der Sammlung, Vorbereitung und Ausfuhr ihrer Ernten anzunehmen haben.

Gesundheitsdienst. Vorbereitung und Durchführung aller Maßnahmen der Hygiene und der Vorbeugung innerhalb der Kolonisationsgebiete; ärztliche Hilfeleistung gegenüber den Eingeborenen, sowie auch Betreuung der anwesenden Europäer.

Tierzuchtdienst. Beauftragt mit dem Aufbau der Herden für die eingeborenen Kolonisten und mit der vorbeugenden Impfung der Tiere, hat dieser Dienst alle Maßnahmen der tierischen Gesundheitspflege wahrzunehmen, Sera und Lymphen vorzubereiten und auch — soweit vorhanden — die europäischen Wirtschaften, die im Bewässerungsgebiet etwa untergebracht werden, tierzüchterisch zu betreuen. Sitz dieses Dienstes ist die Station Missibugu.

Von den im nigerischen Delta im Lauf befindlichen Arbeiten hat das Office du Niger nur diejenigen wahrzunehmen, die die Herrichtung die Besiedlung und die Nutzung der Ländereien betreffen. Die Durchführung des Programms der großen wassertechnischen Werke, für die im Anleihegesetz für A. O. F. eine Summe von 300 Millionen Franken ausgeworfen worden ist, hängt nicht von diesem Amte ab. Vielmehr waren die in diesem Programm einbegriffenen Werke, die, wie oben ausgeführt, in eigener Regie des Staates errichtet wurden, dem Service temporaire des Travaux d'irrigation du Niger anvertraut. Mit Fertigstellung der großen Erdarbeiten ist dieser Service temporaire aufgelöst worden. Nachdem die großen Wasserwerke der Gegend von Sansanding kontraktlich vergeben waren, sind sie unter die Kontrolle des Generalinspektors der öffentlichen Arbeiten von A. O. F. gestellt worden, der sich dazu der Vermittlung eines Sonderdienstes bedient, der unter Leitung eines Chefingenieurs mit Sitz in Markala steht.

Bei der Durchführung der Pläne, die sich aus den Anleihegesetzen von 1931 und 1934 ergeben, ist das Office du Niger also unmittelbar nur beteiligt soweit es sich um die Kanalisation und erste Herrichtung der Ländereien, um deren Besiedlung und deren landwirtschaftliche Nutzung handelt.

Die Arbeiten, die sich aus diesen verschiedenen Tätigkeitszweigen ergeben, greifen derart ineinander, daß es unmöglich ist, ihre Durchführung in wirksamer und wirtschaftlicher Weise sicherzustellen, wenn man die technisch für sie zuständigen Organisationen völlig unabhängig voneinander halten wollte. Bezüglich dieses Punktes hat die Erfahrung ganz besonders die Gesichtspunkte bestätigt, die der Minister im Jahre 1931 zum Ausdruck gebracht hat: Ohne einheitliche Leitung, ohne ein dem dauernden Wechsel entzogenes Spezialpersonal, das über große örtliche Erfahrungen verfügt, ohne zähes Festhalten an den großen leitenden Gesichtspunkten und ohne deren folgerichtige Anwendung bei der Durchführung wäre ein Unternehmen, wie das am Niger, nicht zu einem guten Ende zu führen.

Schlußfolgerungen

Ganz im Gegensatz zu der Meinung vieler Leute, ist das Unternehmen, das am Niger durchgeführt wird, keineswegs auf kolonialem Gebiete eine Neuheit. 10 Jahre bevor es in Lauf gesetzt wurde, hatten sich die Engländer — wie wir es beschrieben haben — bereits im englischen Sudan unter völlig gleichen Gesichtspunkten damit beschäftigt, die fruchtbaren, aber bis dahin unproduktiven Ebenen der Provinz Gezira in Nutzung zu nehmen. Und als sie dies taten, brachten sie lediglich im tropischen Afrika eine Technik zur Anwendung, die sie im Laufe zahlreicher Arbeiten gleicher Art in Indien im Laufe eines vollen Jahrhunderts bereits gelernt hatten.

Die Einnahmen, die die Regierung Indiens zur Zeit aus den Bewässerungs- und Kolonisationsgebieten der Täler des Ganges, des Indus und ihrer Zuflüsse zieht, bilden einen der Hauptteile ihres Etats. Sie beliefen sich in den letzten Jahren nahezu auf $1^1/_2$ Milliarden Franken. Von 1916 an gaben die Bewässerungsgebiete des Chenab (Punjab), deren Besiedlung erst 5 Jahre vorher zu Ende geführt worden war, einen jährlichen Reinertrag, der $24^0/_0$ des Anlagekapitals erreicht. Im Gefolge der Akklimatisierung einer amerikanischen Baumwolle des „amerikanischen Punjab" hat sich in den Bewässerungsgebieten des Punjab und des Sind eine intensive Baumwollproduktion eingeführt, die in der Lage ist, gegebenenfalls, ja sicherlich, Lankashire einen großen Teil des Rohmaterials zu liefern.

Wenn das nigerische Delta gleichfalls einst voll bevölkert und genutzt sein wird, was für denjenigen Teil, der für den Baumwollanbau bestimmt ist, etwa in einem Vierteljahrhundert erreicht sein dürfte —

werden rund 100000 t dieses Textils jährlich jenes Gebiet verlassen, d. h. etwa ein Drittel des heutigen Konsums ausländischer Baumwolle in Frankreich oder in Deutschland. Wenn man die Neben- und Begleitprodukte: Baumwollöl, Erdnüsse, Schlachtvieh usw. mit berücksichtigt, handelt es sich — zu den heutigen Kursen berechnet — um mehr als eine Milliarde Franken, auf die sich der Wert der nigerischen Ausfuhr beziffern wird. Mit anderen Worten, wenn man die aus diesem Export sich ergebenden Importe hinzuschlägt, wird sich das Handelsvolumen, das aus den im Gange befindlichen Unternehmungen resultieren wird, auf nahezu 2 Milliarden Franken erheben, ohne Zweifel ein Ergebnis, das die aufgebrachte Mühe wohl lohnen dürfte.

FSC
www.fsc.org
MIX
Papier | Fördert
gute Waldnutzung
FSC® C083411

Kolibri 360 GmbH
Ferdinand-Jühlke-Straße 7
99095 Erfurt, Deutschland
produktsicherheit@kolibri360.de